住宅读本　目录

高村光太郎
独居自炊的 one room

秋穗的工作室
1987

绘图 + 配图文字　中村好文
设计　大野丽莎 + 川岛弘世

前言
茱蒂·阿伯特和丹波先生

我一直对普通住宅和住宅里的市井生活很感兴趣，所以这些年来我的工作重心也一直在住宅设计上。

屈指一算，我投身住宅设计的世界已近三十年了。

当然，我对建筑的兴趣并不只限于住宅，所以只要有机会我也做餐馆、小型精品商店、旅馆设施和小型美术馆一类的设计。但我突然意识到，不知什么时候，我已经被贴上了“住宅设计家”的标签。

我喜欢普通住宅，喜欢住宅内外发生着的日常琐事和生活机微，所以就算被贴了标签，我也觉得是一种勋章，为此很自豪。

本书诞生的契机是《艺术新潮》杂志的《住宅是什么》专刊，不过我想，这个杂志专刊找我，可能也是因为我身上有这个标签吧。

在编辑找我商量专刊之前，我也时常思考“什么样的住宅才称得上好”

Dear Daddy-Long-Legs,

"Stone Gate",
December 31st

It is the most perfect house for children to be brought up in; with shadowy nooks for hide and seek, and open fireplaces for popcorn, and an attic to romp in on rainy days, and slippery banisters with a comfortable flat Knob at the bottom, and a great big sunny Kitchen, and a nice, fat, sunny cook, who has lived in the family thirteen years and always saves out a piece of dough for the children to bake. Just the sight of such a house makes you want to be a child all over again.

Yours ever,

Judy Abbott

---

① 此页译文见第 4 页最后一段。——编者注

“住宅最不可或缺的要素是什么”，在设计工作的间隙里，这些问题不时在我脑中浮现，我一直想找个机会坐下来仔细想想这些问题，此时正好有杂志的这个策划案，我也就顺理成章地参加了。

现在有一种风潮越来越流行，就是正视环境、能源和国土资源等问题，并从建材对人体的影响出发，去重新考量建筑资材，这一风潮已经从行业内发展到了普通百姓中间。另外，在住宅设计领域里，设计师从长远角度预测家庭成员关系和生活中可能会发生的变化，让房间配置能够适应这些变化，也逐渐成为一种趋势。总之，坐在缘侧[①]廊下剪剪指甲的悠闲心态已经跟不上潮流了，住宅的世界已经急速进入了一个必须认真对待、重新思考的时代。

话虽这么说，但本书的目的不是思考“什么才是顺应社会局势的理想住宅”，我想做的是，把眼前世上的纷扰放到一边，找个晒得到太阳的缘侧廊下暂时坐坐，静下心来，从居住的角度，也就是从穿着家居服放松过日子的角度出发，对“住宅是什么”“好住宅应该必备哪些要素”等问题，从许多方面畅想开来，找找答案。

在这里我还想补充一句话，就是请读者务必把“从生活的内侧”这句话，和“从心灵的内侧”放在一起考虑。

所谓住宅，不仅仅是一个让人的身体栖息在内过日常生活的容器，住宅还必须是能让人的内心安稳地、丰富地、融洽地持续住下去的地方。

大约五年前，在我收拾家里堆积如山的书架时，一本我中学时代当课文读过的书——简·韦伯斯特（Jean Webster）的《长腿叔叔》，从书架深处掉了出来。

我很惊讶，没想到这本书一直埋在我的书架里，怀旧之情涌上来，我随手翻看着，竟然看入迷了，都一大把年纪了，说起来惭愧。如果把它当作一封柔软感性的年轻女孩写给自己的信来读，这本书非常动人。虽然一眨眼就

---

① 指在日本房屋面向院子的外侧部分建造的走廊，相当于日式的阳台。——编者注

读完了，放下书后，书中的一个会心之处，却在我心中回荡了很久，让我不愿意放下。

那是书中女主角茱蒂·阿伯特到朋友家做客留宿时，怀着激动的心情写下的一封信，信中描述了朋友家中的模样和她自己的印象、感想。

茱蒂从小在孤儿院长大，直到十七岁，所谓普通人家的内部情景和房子里的日常生活她都不了解，在她看来“住宅”这种东西究竟是什么呢？她信中的描述可以被看作一种住宅观，我直觉到她的视点很重要，能给人带来启发。茱蒂性格敏感，要她把孤儿院称为“家”，也许她心里不太情愿，正因为她这种成长经历，正因为她是孤儿无家可归，所以毫无疑问，她更能清楚地看出什么是“家与居”里必不可少的东西。

虽然有点长，我还是想引用这部分原文。

> 来莎莉家玩，是我最愉快的假期。她家在小街最深处，一座宽敞的古旧砖房，四周围绕着白墙。我在孤儿院时曾好奇地从人家房子外面细细眺望过，想象里面会是什么模样，莎莉家就和我那时的想象一模一样。我连做梦都没想到有一天我能亲身踏入这种房子，亲眼看到里面的陈设。不过，看啊，现在我正在这个家的里面呢！
>
> 这个家每个角落都很舒服，让人放松，特别亲切。我漫步在各个房间，细看每一个房间的摆设和墙上装饰，心中充满了幸福。
>
> 这是个非常适合小孩成长的家。这里有让小孩玩捉迷藏的幽暗角落和能烤爆米花的壁炉，屋顶阁楼适合百无聊赖的下雨天在里面跳来跳去，楼梯边还有光滑的扶手，顺着扶手滑下去，下端有一个形状好像压扁了的圆面包一样的杆头，让人忍不住想来回抚摸……对了，房子里还有一个非常宽敞明亮的厨房。那儿有一位十三年来一直和这个家庭一同生活的胖胖的、亲切的、总是面带笑容的厨师，随时为孩子们准备着发酵好了的面团，烤面包给孩子们吃。即使是长腿叔叔您看到这个房子，也一定会想重新回到孩童时代的。

每日早晨他往陶壶里放进
一些茶叶，再注满热水，
然后一点一点啜饮。
老先生往小茶碗里
倒进一点点茶，再双手捧起，
嘟起嘴唇，慢慢靠近杯沿，
郑重其事地啜饮着。

就在我抄写的过程里，我又想起另外一个小说中的章节，对于“住宅是什么”这个问题，这部分情节给人的启发也很大。

那就顺手抄过来。

山本周五郎的《没有季节的街道》中，关于“丹波先生”的一段：

在这栋长屋里，有几户爱干净的人家，在这几家当中，毫无疑问，丹波先生家是首屈一指的干净整齐。他家的横拉门能顺畅轻快地拉开，墙板上也没溅到泥点。三尺狭窄土间里一尘不染，所有鞋子都鞋尖向外，排列得整整齐齐。他家用煤油炉子煮饭，所以厨房里也没落下煤灰烟腻。榻榻

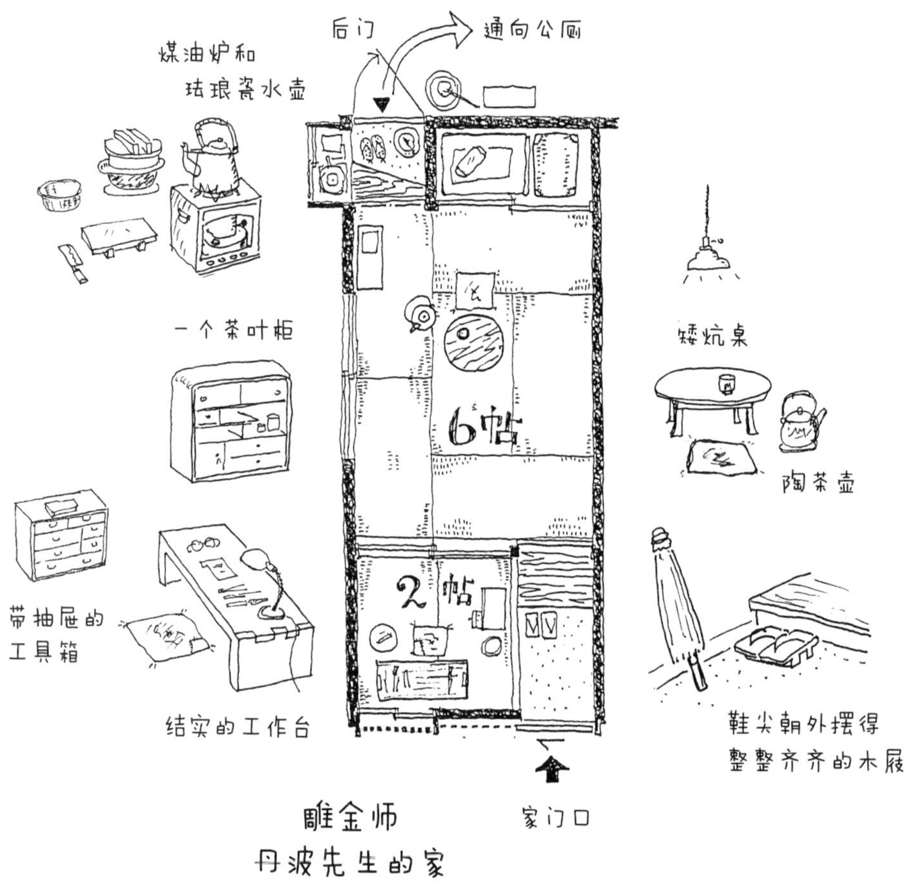

米虽旧，上面却没有起毛倒刺，也没有裂口，齐整得不可思议。进门一间二帖[①]大的房间，再往里是一间六帖室，永远那么整洁，看不到任何多余的东西。茶具柜，矮炕桌，结实的工作台，用来放工具和胎模的带抽屉的箱子，都永远安放在同一个地方，仿佛被固定在那儿一样，没有一厘米的错位。房间里没有火钵。每日早晨他往陶壶里放进一些茶叶，再注满热水，然后一点一点啜饮。如果有客人来访，他偶尔也会泡其他茶叶，一般来说他喝的总是同一种茶。

① 日本的面积单位，1 帖约等于 1.656 平方米。——编者注

“我真想不明白，”渡先生说，“明明是泡得都没味了的茶叶渣，可是丹波先生喝起来，就好像好喝得不得了，让人看着流口水，真是的！”

老先生往小茶碗里倒进一点点茶，再双手捧起，嘟起嘴唇，慢慢靠近杯沿，郑重其事地啜饮着。

他从不招待客人，没人知道他吃什么，只知道他一天只吃早晚两餐。他的衣服是棉质的，带着细碎纹样，虽然缝线有些歪斜，但他周身上下总是那么干净利落，即使冬天也不穿布袜子。

这里描写的是一位独居老人的生活细节，他不受街坊四邻和社会风潮影响，踏踏实实地过着适合自己的生活。短短一段文章，把老先生的衣、食、住写得活灵活现，令人击节。在这里，“家居”和“生活”表里一体，没有勉强造作，没有浪费，简素有度，在我看来再没有比这个更端正磊落、更令人满意的家居环境了。

现今是信息和通信的时代，网络和手机无处不在，威力巨大；现今是家里家外物质泛滥的时代，也是一个不懂得珍惜的消费和浪费的时代，更是一个“便捷”和“丰富”成了同义词，却无人对此心生质疑的时代。

在这个浮躁的时代，读过这位挺直着腰杆的老人沉稳闲静的生活情状，读过描写他整洁房间的文字后，我满心清爽，好像用冰凉的泉水洗了脸一样。

写着写着，我渐渐觉得这里介绍的茱蒂·阿伯特和丹波先生两人，正适合做本书的向导。

不过，如果茱蒂还健在，大概也已一百一十岁高龄，丹波先生也过了百岁，无论如何也无法请他们出来了。

至少，我们可以把他们的精神留在心中，一起在住宅内外走一走，同时仔细思考一下，对要住在那里的人来说，“什么是好的住宅？”

第1章

风景

当我们注视一座与周围景色完美融合在一起的房子……

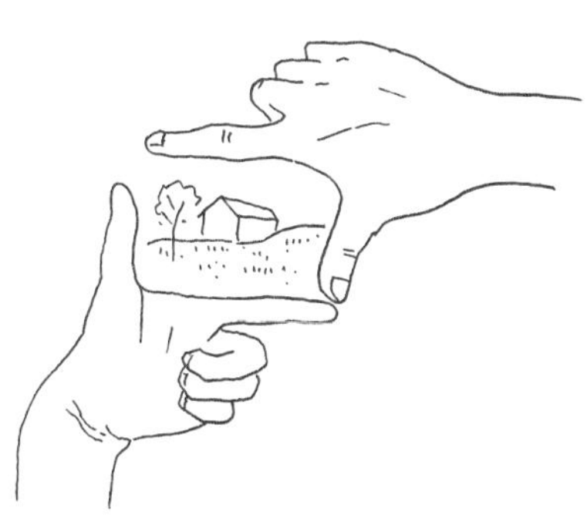

夏之家 1937 年
设计 = 埃里克・冈纳・阿斯普朗德
瑞典 斯德哥尔摩市斯提纳斯

每当我看到一座房子完美融合在周围风景里，都会觉得“啊，真好！”

我从学生时代开始，即使囊中羞涩也把钱都用在了旅行上，走遍了日本各地当时尚存的优美民宅和村落，看遍了环绕着房子的周围风景，当时我没想到，这些经历后来对我产生了重大影响。

从事住宅设计工作以来，风景中应该放入什么样的建筑才好，或者，什么样的房子与风景更搭配，这些问题一直让我很费心思。

“风景”这个词，置换到城市就是“街景”，如果是住宅区，也可以用“左邻右舍”代替，虽然这个词现在已经被人遗忘了。总之，盖一座房子，就要和周围环境发生有形或无形的关系，由此，我不得不慎重对待。

一座建筑，一个人家，矗立在那里自成风景，人们从中可以感受到一种生活气息，心生亲近感。反之，也有些傲慢自大的建筑，戳在那儿就是煞风景。

说到与周围景色完美融合的建筑，我经常想起的是瑞典建筑设计师冈纳·阿斯普朗德（Eric Gunnar Asplund）的别墅，通称“夏之家（Summer House）”。夏之家位于斯德哥尔摩以南70公里一个叫作斯提纳斯（Stennäs）的地方。到了那里，我看到一片青草地背靠岩石山，面向开阔的峡湾，其间的房子有种闲逸隐居的氛围。要到这里，先得偏离大道，走过一条小森林中的幽静小路。这个设计非常有魅力，让人对房子更增添了一分期待，给这个要走很久才终于走到的地方平添了一种特别的力量。这种充盈在某个特定地方的独特气质和看不见的力量，在我们建筑的世界里，被称为“地灵”。我想，一定是阿斯普朗德在看到这块草地时，感受到了地灵，所以才毫不犹豫地下了“就是这儿！”的决心。还有，我猜想，不仅是这个地方，还有周围风景，也都深深地烙印在他的心上。

或许，阿斯普朗德建造这座别墅时，最先做的，是侧耳倾听了这块地方发出的无言之声。接下来设定了房子位置，让房子紧靠身后威压而来的岩石山，把形状细长的建筑配置在朝向峡湾的方向上。他对岩山形状和峡湾的曲折地貌致以深切敬意，并利用这些特性做了最大限度的发挥，关于这一点，只要亲身站在那里，就能深刻地感受到。或许可以这么说，因为有了别墅，周围的自然风景显得更加丰沛饱满，倍添了童话般的魅力。

还有一点我不得不提，最能打动人心的，是这个地方蕴含着一种令人怀念的气

京都府美山町的村落

息，仿佛在人心最深处讲述着，这里是一片“有人居住的草原”。

如果我说“夏之家”就像北欧版的“大草原上的小木屋”，我想一定会有读者赞同我呢。

在这里我还想举一个城市街道的实例，一个很有名的住宅，知道的人一定很多，这就是安藤忠雄的代表作“住吉的长屋”。

这间混凝土小房子，位于房屋密集的大阪老城区，一座三轩长屋[①]只取了正中间的部分重建，像从蛋糕上切下来一块似的。这种构思常人难以想象，工程手法也非常复杂，如果不是安藤先生与生俱来的挑战精神和热情，这座在建筑史上留名的杰

① 三轩长屋指的是一整栋房子内部用墙隔成三部分，当作三栋来使用。——译者注（本书中注释如无特别说明，均为译者注）

“住吉的长屋” 1976 年
设计 = 安藤忠雄　大阪市住吉区

作根本无法完成。

这座房子内外墙壁都是混凝土裸露在外，没有涂饰，内部的配置格局也不方便，以至于雨天得打着伞上厕所。种种不便让人不由得对居住者心生同情。在这座房子刚完工时，我还怀着几分批判态度。但是大约十年后，我想有必要亲眼去看看房子的外观和气质，毕竟百闻不如一见，于是远赴大阪。当我站在房子面前，心中对它的评价马上变了。

以前我从照片上看到的外观，只是一面混凝土墙上开了一个洞作为入口，与周围街景相比，它显得那么冷淡、不友好，甚至能感觉出一种挑衅。但是真实建筑比我想象中的小很多，我很喜欢它，觉得它像一个亲切可爱的“小盒子”。

这间房子在周围环境里也没有显得突兀、不协调，究其原因，我想是这个如小

"濑田的家" 2002年
设计＝中村好文　东京都世田谷区

盒子一样的住宅有着人性化的尺寸。而且，这里的人性化不单指建筑规模的大小，我从这个小房子身上，感受到一种"老街人情味"般的诚意。安藤出生在大阪的老城区，在那里长大，在背后支撑着安藤先生建筑风格的，正是这种老城的人情心意。安藤先生给房子取名"长屋"，如果绕着房子走一走，站到房子面前，就会明白为何一定要叫它"长屋"，其中道理令人信服。

在背后支撑着这两处优秀实例的，是一种对周围自然、街景以及住在那里的人的心意，和珍重维护这种心意的建筑手法。

设计住宅的建筑师也好，住在里面的人也好，如果把这些心意和手法视为理所当然的话，也许有一天，我们能在日本各地再次看到"啊，真好！"的风景。

“海牧场”附近的仓库
美国　加利福尼亚州

矗立在美国西海岸草原上的大仓库。长风吹过草原迎面而来，进到仓库里，让人感觉恍入安德鲁·怀斯[①]的画中世界。仓库的外观十分质朴刚健，丝毫没有取媚他人、看低自我之气。正如考现学的今和次郎所说：“从当地取材，用当地的技术造出来的建筑，即使寒酸，也是美的。”

① 安德鲁·怀斯（Andrew Wyeth），美国当代新写实主义画家，以水彩画和淡彩画为主，代表作《克里斯蒂娜的世界》，画面描绘了身患小儿麻痹症的少女克里斯蒂娜，匍匐在荒凉的草地上，正向山坡上的木屋爬去。

"海牧场" 1965年
设计＝查尔斯·摩尔等人 美国 加利福尼亚州

建于旧金山以北160公里的海边断崖绝壁上的共管式公寓（Condominium）。这里原本是放羊的牧场，所以被称为"海牧场（Sea Ranch）"。这个乍看仿佛仓库的建筑物的设计者是以查尔斯·摩尔为主的四人小组，他们着迷于和杂草一起在美国土壤上生长的仓库、被废弃的煤矿建筑等。他们深受这些无名建筑物的影响，由此设计出了"海牧场"。他们的建筑理念和主张，给当时的建筑师和建筑系学生们带来巨大冲击和影响，被称为"美国的草根派"，风靡一时。

在我心中，“风”和“旅”两个字关系密切，或者说，我在旅途中，脑海里不时浮现出带着“风”字的常用语，不知不觉地，这些词语就常在我口中翻转，比如说风光、风物、风土、风俗等。对我来说，旅行就是去和各种各样的“风”相见，除此之外再无其他。

这些词语也是我在设计建筑和住宅时的关键词。我想让住宅适合当地风土，我想设计出能充分享受微风和光线的房子，我希望我的设计既尊重风景，也充满风情。同时，我还贪心地希望这些房子在经历风霜雨雪之后，会越来越美丽。

第2章 one room

建筑家因one room①而名留史上……

① 主要生活空间都集中在同一个空间的住宅，比如现代城市的one room公寓，指除了厕卫部分，只有一个房间兼作卧室、起居室、餐厅。

"建筑家因 one room 而名留史上。"

这是 20 世纪中叶活跃于美国的建筑家埃立克·门德尔松（Erich Mendelsohn）留下的名言。

我把这句话里的"建筑"改读成"住宅"，有时想起来就会随口小声念叨，谁知道这句话越念叨越有味，越让人觉得意味深长。

对我来说，浏览住宅史上的名作或杰作的平面设计，不仅仅是我的工作，更是一种兼具实用性的兴趣，就像我年轻时研读棋谱一样。我在反复研读这些平面设计后，注意到许多设计都是 one room，或者，即使严格来说算不上 one room，也是一种"以 one room 为目标，尽全力使其成为 one room 的设计"。

例如，柯布西耶（Le Corbusier）的"小屋[①]"，密斯·范·德·罗（Mies van der Rohe）的"范斯沃斯住宅[②]"、菲利普·约翰逊（Philip Johnson）的"玻璃屋"（参见第 14 页、15 页）、查尔斯·摩尔（Charles Moore）的"海牧场"等，每当谈到二十世纪的住宅建筑，这些都是让人无法忘记的代表作，它们都是标准的 one room。同样，说到住宅名作，还不得不提里特维尔德（Gerrit Rietveld）的施罗德住宅[③]、伊姆斯夫妇（Charles Eames & Ray Eames）的私人宅邸（参见第 87 页），如果用日本国内举例，则有丹下健三的私宅，这些都可以说是"以成为 one room 为目标的设计"。

说到这里，为什么 one room 结构的住宅名作特别多？为什么这些住宅都在以 one room 为最终设计目标？这些问题很难回答，实际上我也说不清其中的因果关系。

在这里我想再对这些一直留存在我心里的"为什么"做进一步思考。

首先我注意到的是，one room 住宅以居住为目的，功能极尽简化，由此，建筑规模就自然会受到限制。这样的空间没有余地容纳独立的"书房""客房"和"用人房"等附属房间。同时，此种住宅的居住者，要么是小家庭，要么是夫妇两人或者单身人士。我在前面列举的 one room 住宅，全部都是为单身人士建造的，这一点非

---

① Une Petite Maison，柯布西耶在瑞士莱蒙湖畔为父母设计的小别墅，建于 1923 年。建筑高约 2.5 米，进深 4 米，长 16 米，使用面积约 60 平方米，是一间东西向的细长矮屋，当时柯布西耶的母亲已经 64 岁，如果房子太宽敞则需要花费多余劳力在打扫卫生上，柯布西耶考虑到父母年迈才设计出这间小屋，小屋虽小，却质朴舒适，面面俱到。

② Farnsworth House，建于 1951 年，位于美国伊利诺伊州，原是女外科医生爱迪丝·范斯沃斯的私人周末别墅，建筑为一层矮屋，8 根铁骨支撑起一面平顶，墙为透明玻璃墙，建筑内部空间全面开放没有隔断，是典型的 one room 结构。

③ Schröder House，位于荷兰乌得勒支市，建于 1924 年，二层住宅，内部空间开放成一体，没有隔断。是欧洲现代建筑的代表作，虽然建成已近百年，但房子的摩登外观即使在现代也毫无陈旧感。

常重要，不能不提。

我还留意到，one room 只包含一个家必备的最小空间和最基本元素。老话说“在哪儿吃在哪儿睡，哪儿就是家”，one room 式的住宅就仿佛这句老话的直接体现。我们的住宅里经常存在“总有一天能用得上”的房间和“其实根本用不上”的累赘空间，如果能舍弃这些空间，对住宅做减法，一直做到再减就不能住人的程度，这时呈现在我们眼前的，我想就是人类住宅的“原型”。

建筑师设计的 one room 建筑，一览无遗地展现了建筑师们赤裸的“住宅观”，开篇门德尔松那句话的个中滋味，便在于此。

下面，我想写写“一个以 one room 为设计目标的建筑师”（就是我！）的实际工作。

我在设计住宅时，尽量不在房子内部的出入口设计平开门，而是尽可能多地使用推拉门。因为推拉门在不用时能完全推到墙壁夹层里，从视野里消失。这样一来，室内空气可以在各个房间穿行，畅通无阻，产生一种流动感。其次，如果把推拉门全部打开，我们会得到一个开放性的空间，这样的话不仅仅是空气，声音和气氛也能相传相通，家会变成一个其乐融融的整体。

我在无意识中对住宅的追求，大概就是能让人感受到这种豁朗开放的气氛。我前面说的“以 one room 为设计目标”，指的就是这回事。“门”像一个盖子，把房间变成了“箱子”，我不想让住宅变成这种“箱子”的集合体，归根结底，我希望一所住宅能给人“在同一屋檐下”“在同一空间里”的亲近感。我之所以喜欢 one room 设计，对古今东西的小房子心动不已，原因就在这里。

我的设计主旨，大概也来自我对简素生活的憧憬，两者关系密不可分。我在高中时读过一本英国幽默小说《三怪客泛舟记》[①]，书中描绘的简素房屋，把日常生活比作成小舟载物的比喻，都让我记忆犹新，因为我对这些心生共鸣，反复读过很多次。

> “把破烂儿都扔了！只装载必要的东西，让生活的小舟轻快起来！质朴的家庭，简素的乐趣，一两个知己，我爱的人，爱我的人，一只猫，一条狗，一两个称手的烟斗，足够温饱不再多求的衣服和食物，再有点酒，比足够刚好多出一点点的酒，只这些就再好没有了。”

---

① 原名为 *Three Men in a boat*，英国作家杰罗姆·K·杰罗姆（1895—1927）的作品。

“玻璃屋” 1949 年
设计 = 菲利普 · 约翰逊　美国　康涅狄格州

One room 建筑的杰作，菲利普 · 约翰逊设计的“玻璃屋”。房子四面是大玻璃墙，内部没有墙壁做隔断，家具的摆放位置恰到好处，由此各处空间有了起居室、餐厅、厨房、书房等功能，这种设计精彩绝伦。如果有人问我：“这种四面玻璃墙，内部一览无余的住宅，你住得了吗？”我肯定会不知怎么回答。但是毫无疑问，这间房子深处蕴含着“住宅的精髓”，与古代的竖穴式住居精神相连。

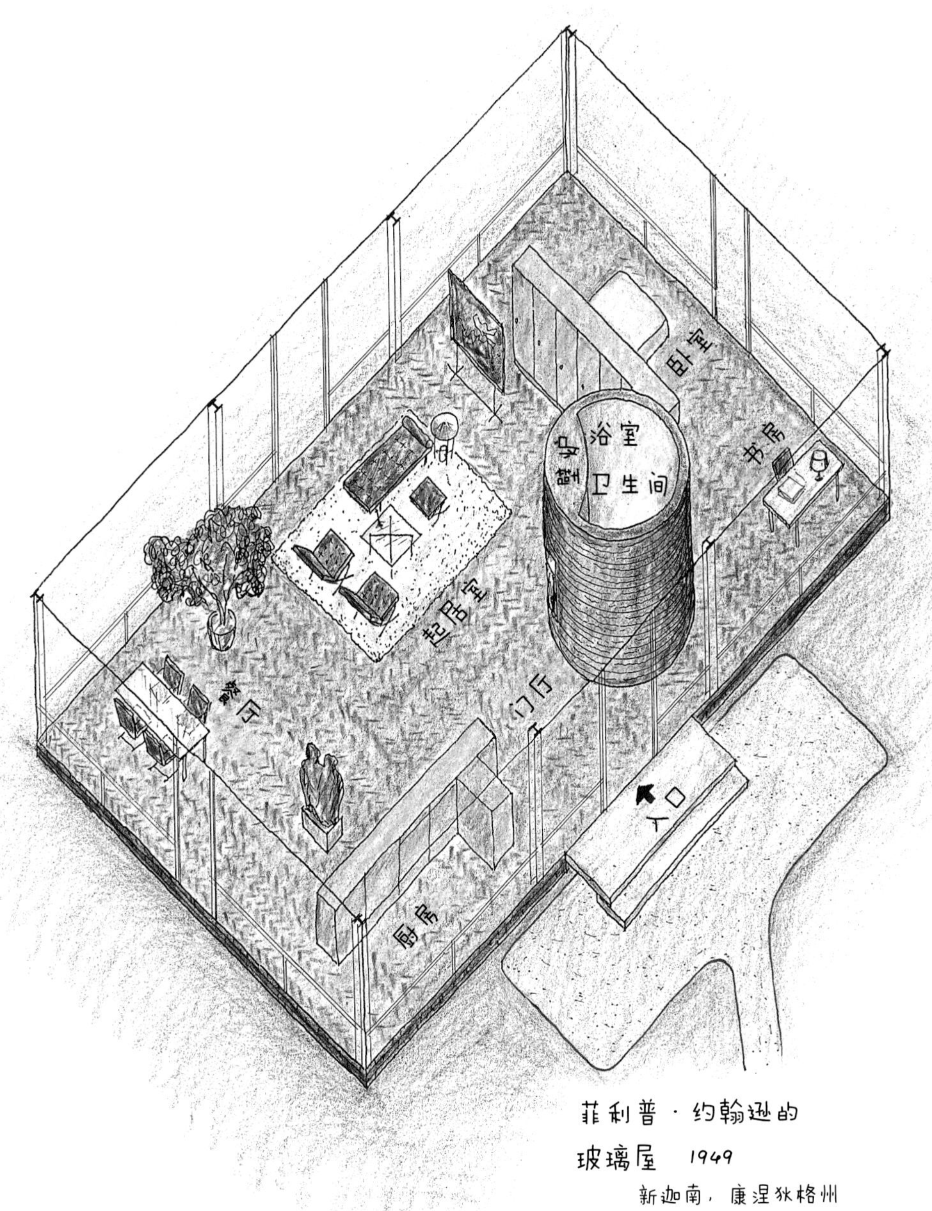
卧室
浴室
壁炉
卫生间
书房
起居室
餐厅
门厅
厨房
菲利普·约翰逊的
玻璃屋　1949
新迦南，康涅狄格州

“风信子之屋” 1937 年
设计 = 立原道造
模型制作 = 若林美弥子

诗人立原道造在二十几岁时就早早离开了人世，有多少人知道他曾是一位备受瞩目的新锐建筑设计师？他英年早逝，没来得及留下成型作品，只留下许多非常精彩的设计方案。“风信子之屋”便是其中之一。设计案上的小屋只有 13 平方米，像是他为自己设计的独居小屋，但我独断猜想，他在这间小屋里寄托过与恋人水户部阿莎伊同住的梦想吧。这位写下“我心中满满都是你，西风啊”的诗人，他构思的小屋虽然简单，却也那么浪漫。

“鸢尾小屋” 1982 年
设计 = 中村好文　长野县御代田町

有句话叫作“少年玩树上之家，少女玩娃娃之家”，每当想起“家”，我脑海里首先浮现的就是这句话。我对家的想象因为这句话而变得更加丰富多彩、自由自在，于是有了“中年人也在树上建一个家”的想法。上面的照片，是我在三十五六岁时和几个年轻朋友一起手搭的“树上之家”，虽然现在已经不存在了，我曾把这间不足 7 平方米的小屋当作别墅使用，在里面喝着啤酒看看书，睡睡午觉，享受过一段愉快时光。

“亨利·戴维·梭罗的小屋”
美国　马萨诸塞州

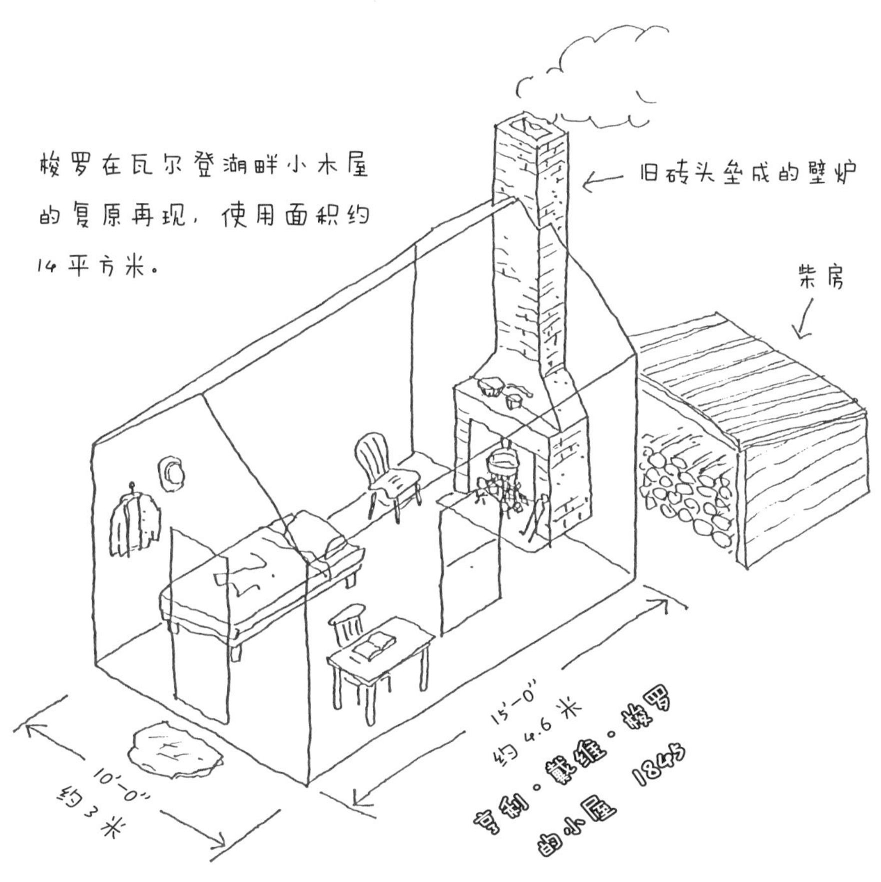

马萨诸塞州瓦尔登湖畔，《瓦尔登湖》一书就是在这里诞生的，湖畔有一座复原重建的梭罗的小木屋，小屋是 one room 式的，使用面积约 14 平方米（真巧，和立原道造的小屋几乎同样大小）。这是一间知识分子离群隐居的小屋，梭罗寻求的是独居，或者说，是与另一个自我对峙。在这层意义上，梭罗的小屋酷似鸭长明[①]的方丈。这样的小屋呀，弹拨起我这种"小屋发烧友"的心弦来真是毫不手软。

---

① 鸭长明（1155—1216），日本诗人，所著随笔《方丈记》与《徒然草》《枕草子》一起被称为日本古代三大随笔。鸭长明晚年在京都郊外结庵隐居，草庵只有四方一丈大小，遂称"方丈"。

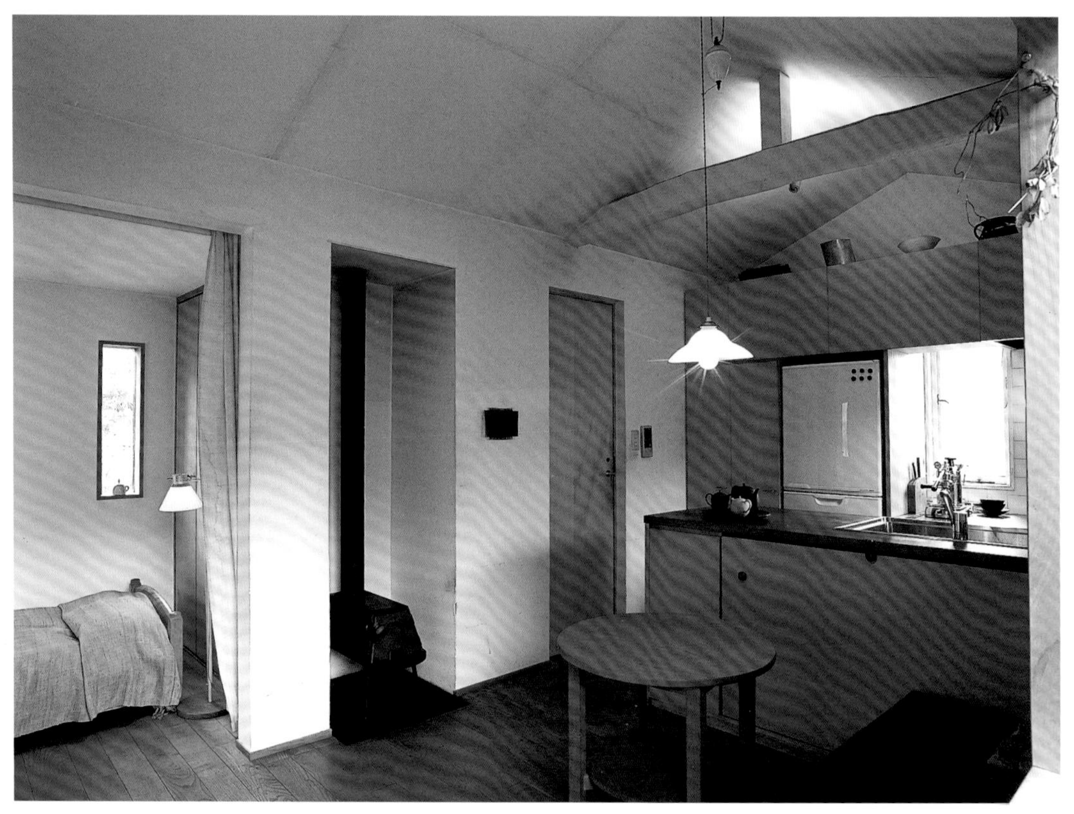

“三谷小屋” 1994年
设计＝中村好文 长野县松本市

木工艺家亨利·戴维·三谷，哦不对说走嘴了，是三谷龙二先生的小屋。原本是一间储物室，经过增建改造，变成了一间简单到最小限度的住宅。我给这间精简小屋设计了住宅应该有的全部东西。面对这样一间小屋，有人觉得“住起来足够了”，有人觉得“这怎么能住人呢”，我觉得这些看法展现了一个人的住宅观，更进一步说的话，是人生观。

建筑家清家清先生的私宅“我的家”建于1954年，数一数已经是半个世纪前的事情了。“我的家”是one room住宅杰作中的杰作，它的平面设计放到现在看也丝毫没有褪色，甚至还充满了新的惊奇和发现。去年我拜访了“我的家”，有幸见到清家先生，和他交流了很多事情，清家先生举止言辞有如世外高人，当他笑呵呵地说话时，我实在弄不清他哪些是正经话，哪些是开玩笑，对此该怎么回答，很费了我一番脑子。清家先生说到one room结构的“我的家”时，很得意地讲了一句俏皮话：“这个家从室内到庭院都是石面地板，里外连在一起，进出不用换鞋，特别方便，不过也有不好的地方，落叶啊，灰尘啊，各种小虫什么的也不请自来，有时候连汪汪狗也会跑进来，所以，这是间真正标准的one room！”①

① 此处狗的叫声“汪”与“one”谐音，所以清家先生称之为真正的“one room”。——编者注

第3章

居住感

给家里设计一个特别舒服的角落……

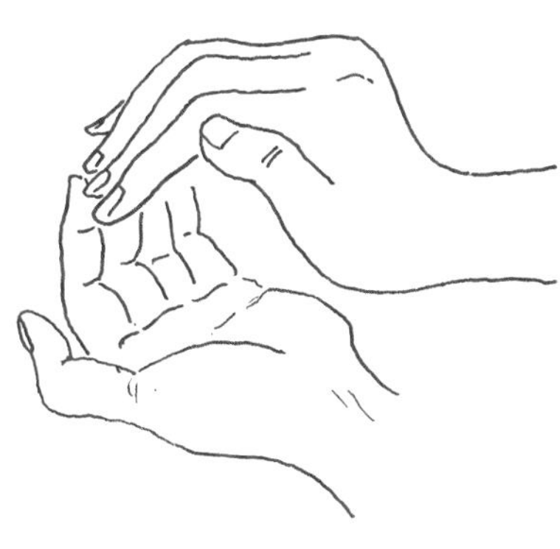

寻找家里最舒服的角落这种事，猫和狗最擅长了，人比不上。

它们找最舒服角落的本事来自动物本能。猫猫狗狗最懂得什么叫舒服，这一点它们有自信和骄傲，才不会输给人类。

我小时候的家，在老家当地只是个非常普通的茅草屋顶农家小屋，小时候我对舒服角落的敏感是小动物级别的。随着季节、天气、时刻还有自己心情的变化，哪个角落最舒服，我都一清二楚，所以，家里的舒服角落都是由我一个人独占的。

比如说，只要把壁橱里的被褥稍稍挪动一下，就能钻进去躲起来；朝西的缘侧走廊到了下午正好在合欢树树荫下；缝纫机台板下面有个窄小的空当；通向院子的厨房后门的门框，海风从那里穿堂而过。

我说的这些，都是我小时候发现的舒服角落，而古今东西的建筑里也产生过许多有代表性的舒服角落和装置，不能不提，接下来让我举例说说。

比如，日本有缘侧走廊和地炉，还有茶室；韩国有暖洋洋的温突地暖[①]，地板上贴着麦芽糖颜色的油纸，还有一种非常舒服的叫作“抹楼”的半露天房间；至于欧洲，我首先想起的是叫作“ingelnook”的壁炉小暖屋，还有修道院中修士房间里适合读书的飘窗长椅，一说到舒服角落这个词，我脑海里马上浮现出许多特别棒的例子，简直不胜枚举。

我想，能在家中拥有一个只属于自己的特别舒服的角落，或者能找出这样一个角落，在一个住宅能带给人的所有享受中，是特别重要的一项。

另外，从设计师的角度来说，在设计一所住宅时至关重要的是：想方设法用巧妙构思设计出住起来最舒服的角落和机关配置。同时，还要发挥想象力，从居住者的视角出发，考虑怎么设计住起来才方便、什么样的设计更搭配居住者的个性。如果细节做好了，居住者自然能从中找到最安心舒适的角落，一个家也由此显得舒服自在，充满生气。

归根结底，住宅这东西，我觉得最好别做得太精致、太纯净化。适当保留一些“暧昧空间”会让居住者住起来更随意，不用做得太死板。可是，在这个世界上，有设计师想建造玻璃神殿一样的房子，也有想住玻璃神殿的奇人，人各有志，开心就

---

① 利用厨房或屋外设置的灶坑烧柴产生地热气，通过房屋面下的管道而烘暖整个房间。——编者注

“秋穗的工作室” 1987 **年**
设计 = 中村好文　山口县山口市

好，关于这一点我完全不想指手画脚。

加斯东·巴什拉[①]在《空间的诗学》一书中写道：“屋顶阁楼孕育着梦想，庇护着做梦的人。”在我看来，每个家都该有一个能孕育梦想的地方、能自由自在沉溺于梦想的秘密空间或者一个有点昏暗的角落。

① 加斯东·巴什拉（Gaston Bachelard，1884—1962），法国当代著名文学批评家、科学哲学家。

“海牧场”为每套居室都设计了一个独有的特别舒服的空间，比如这一套里有一个阳光房，可以晒着太阳看海。与其称其为阳光房，我更想叫它“洋式缘侧”，我画了两位女性在这么舒服的地方默默看海的样子，我一边画，一边羡慕地叹气。

（海牧场是一栋建在海岸边的共管式公寓，
位于美国加利福尼亚州，参见第 9 页）

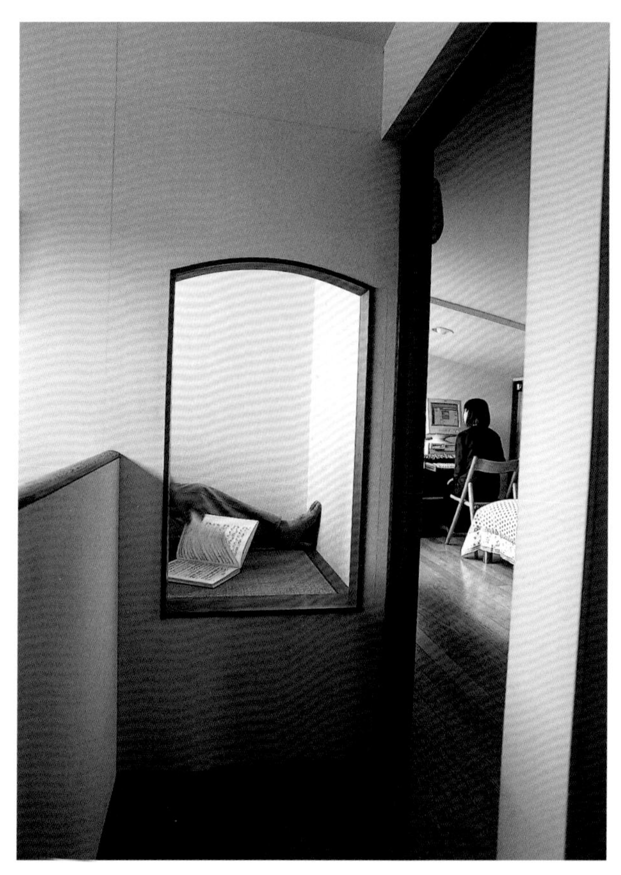

“西原家” 1995年
设计 = 中村好文　东京都新宿区

这间只有一张榻榻米大的读书室，是我至今为止设计的最窄小的房间。在原来的设计里，这个部分是楼梯上方的开放天井，但是在施工途中我忽然灵机一动，当场更改了设计，于是有了这间读书室。改设计完全出于我的直觉，没多想，只能说是我从小就喜欢往壁橱和桌子底下这样的窄小空间钻的老毛病又犯了，所幸居住者心眼儿好没怪罪我，他们也喜欢这个小空间，利用得特别棒，说不定我们是“同病相怜”？

“0夫妇的家” 1998年
设计＝中村好文 千叶县市川市

假日的午后，如果能在缘侧走廊上一边晒太阳一边悠闲读书，该有多么幸福！这是我心中长久以来的一个美梦，没想到有一天美梦成了真，大概这就是当建筑师的好处吧。这所房子的主人是一对年轻夫妇，两人都是心理学者，拥有大量职业参考书，确保藏书空间是这次设计的重要课题之一。连接卧室和起居室的长廊的半面墙，我都做成了书架，为防止书脊被阳光晒褪色，在面朝庭院处安装了防紫外线玻璃；另外还空出了书架的中央部分，摆进去一张真皮长椅，人可以坐进去看书。我自己也特别喜欢这个地方，每次去拜访他们，我都会在长椅上坐一坐，体会一下在缘侧走廊上读书的幸福感。

“感觉”是个好词。

“住起来的感觉”也好，“坐下来的感觉”也罢，都只可意会，不可言传，对了，还有一个形容叫“感觉像在做梦”，用别的形容似乎难以代替。在所有和“感觉”有关的词汇中，我最喜欢的还是“居住感”，我想待在居住感舒适的地方，这个想法催生出打造居住感良好空间的欲望，正因为此，不知不觉地，我已经成为一个建筑设计师了。

建筑设计这项工作，要具备专业工程知识，要积累经验，将构思做得复杂而逻辑严密，只要认真学习，做到这些并不难，但是，说到如何才能创造出舒适的“居心地”，不是死读书就能学来的。真正必要的只是动物般的自觉而已。

华丽的专业理论也好，大道理也好，有时派不上用场，这正是考验设计师眼光和手腕的时候，这么想想，真有点胆战心惊。

第4章

远古以来，
火就是家的中心……

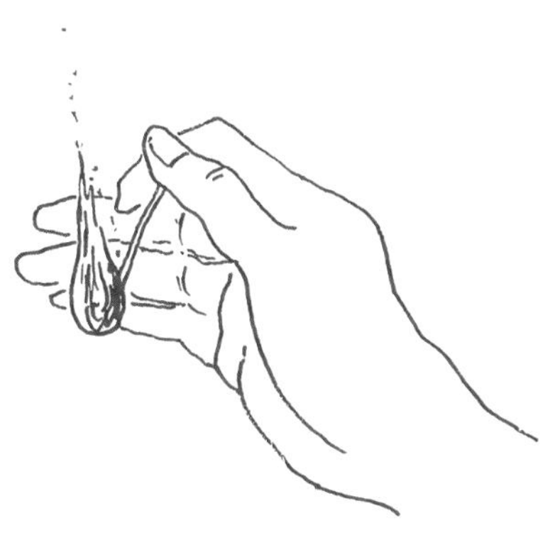

自远古时代以来，火就是一个家的中心，虽说我脑子里不可能有什么远古的记忆，但是在我大脑皮层的某处，却深深烙印着这个印象。“住宅就是有火的地方”这种定性思维，我已经扔不掉了。

即使顾客没有特别要求，我有时也很想给他们设计一个能烤火的地方，比如壁炉或暖炉，说不定我有烤火基因，这么设计是因为我深受基因影响。

但是，对于这种人类祖先遗传下来的基因，有的人会说：“哪儿啊，我可没继承！”但是一旦关掉照明，坐在炉边，静静凝视火苗燃烧，倾听木柴爆裂发出噼啪声响时，他们也会有一种深沉的笃定感。我想，那种笃定，那种能让全身心都放松的巨大安全感，一定和远古时代里我们的祖先在竖穴式的家里感受到的一模一样。

不用回溯到远古时代，稍微想一想，就有瓦尔登湖畔梭罗的小屋，埃尔·格列柯在西班牙托莱多城的家，震教徒的居室，还有高村光太郎晚年独居自炊的小屋，不知不觉间，这些小屋让我铭记难忘，这些小屋里都有一个特别角落，在那里，人和火相亲相近，关系密切，这个角落或是壁炉，或是日本传统地炉，有时也是柴火灶。

即使是那些被称为二十世纪代表作的住宅，里面也一样有火。

这些年来，我一直在世界各地巡游，走过欧洲、美国和墨西哥，参观了很多二十世纪代表性住宅，到目前为止，参观过的住宅已经超过三十间，其中没有壁炉的，只有三间。当然，这还不足以做出“好住宅必须有壁炉”，或者“没有壁炉，就称不上好”的结论，但是，至少这些建筑史上的名作里几乎都有壁炉。我想，当我们思考住宅的蓝本时，这个事实会给我们很大启发。

接下来，让我们再深入思考一下，为什么有了“火”或“炉”，一个家就会变得更好。

戈特弗里德·森佩尔（Gottfried Semper，1803—1879）是活跃于十九世纪的德国建筑师，他的代表作有维也纳艺术史博物馆和自然史博物馆。森佩尔在著书中写过“建筑四要素”，这四种要素分别是炉（hearth）、屋顶（roof）、围墙（enclosure）和土台（mound），我的学识还不足以高谈阔论四要素是否妥当，不过我很认同四要素的说法。

一个家四面有墙围绕，有屋顶覆盖，屋内筑土台，上有炉火，一家人围火取暖。同时，火也用来做饭，是不可或缺的家居设备，有火的地方既是厨房，是餐厅，也是温暖舒适的起居室，就是说，因为有了火，房子才变成家。

写到这里忽然想起来，壁炉在英语里叫作 fireplace，即有火的地方，还有一个说法叫作 hearth，一般被译为炉或炉边，查字典的话会发现 hearth 还有“家庭”的意思，我不由得联想起 heart，心，词典里 hearth 紧跟在 heart 之后，仿佛在暗示着什么。

让我们换个话题。

当我和顾客商量厨房设计时，曾有委托人问我：“我想装电磁炉，您看如何？”理由是电磁炉热效率非常高，使用起来也安全。遇到这种情况，我一般都会反对电磁炉，推荐煤气灶。具体理由我会说如果做中国菜，快炒需要大火（据说中国菜讲究的是油温，并不是火势，所以拿来当推荐理由有点站不住脚），而真正的理由是我心中潜藏着一个想法，厨房里要有能看得见的火苗，如果装了电磁炉，“有火才有家”的定义就不成立了。

当然，有时商谈的结果是最后装了电磁炉。

之后，我会这样嘱咐委托人：

“那么请不要忘了，在餐桌上，要点根蜡烛。”

瑞典建筑家冈纳·阿斯普朗德“夏之家”里的大壁炉。可以坐在台阶上一边凝视火苗，一边添柴火，瑞典是北欧国家，说到北欧，阿斯普朗德的壁炉白白净净、圆乎乎的样子，让我想起芬兰的姆明[1]（Moomin）。我不远万里跑到斯堪的纳维亚半岛的尽头，就是想亲眼看一看这个胖姆明，亲手抚摸一下它圆乎乎的形状呀。

① 芬兰童话故事中的精灵人物。

“夏之家” 1937年
设计＝冈纳·阿斯普朗德 瑞典 尼奈斯港

"清水高原的家" 1991 年
设计 = 中村好文　长野县山形村

我有一个朋友住在与意大利接壤的瑞士乡村里，他家是用当地民居改建的，做得优美又摩登。大约二十年前我第一次拜访他们夫妇时，看到他家有一个嵌入式壁炉，我被那个暖烘烘的鸟窝一样的小空间深深打动，身心都融化了。严冬季节，一个壁炉散播的热度有限，暖和不了整个房间，所以才有了围绕着壁炉建成的小屋 inglenook，inglenook 就仿佛是在小壁橱里放了一个大暖炉，那种亲密温馨，难以言喻，我喜欢得不得了，所以，就像照片上的山中别墅，只要一有机会，我就会在设计里加上一个壁炉。

壁炉除取暖以外还有很多好处。比如，在炉火光芒的映照下，人的表情显得那么明亮，那么生动。写到这里，也许有读者会想起爵士歌手海伦·梅瑞尔（Helen Merrill）用沙哑歌喉唱出的you'd be so nice by the fire，壁炉中有火，人围火而坐，那种温暖感觉、亲密气氛，被这首歌表现得淋漓尽致。

亲朋对坐也好，独自一人也罢，壁炉之火带来的愉悦气氛是不变的，堀辰雄在《与妻书》中这样写道："回到小屋后，我忽然变得孑然一身，心中黯然，但当我生火的时候，心情渐渐平静下来，按一位瑞士诗人的说法，燃烧着的火焰好像对我倾诉了很多事情，那是回忆，是梦想，有悲伤，也有快乐，但说起来，都是让我心情愉快的东西……"

但是，火也有小缺点，写完这封信的第二天，堀辰雄这样写道："果然眼睛有点疼，应该是昨天守着火太久了的缘故。"

此外，火还有一个小小的不足之处（可能仅仅对我来说），那就是烧起壁炉，就开始馋酒，不知不觉间，人就酩酊醉去了。

第5章

玩心

建筑设计里的玩心……

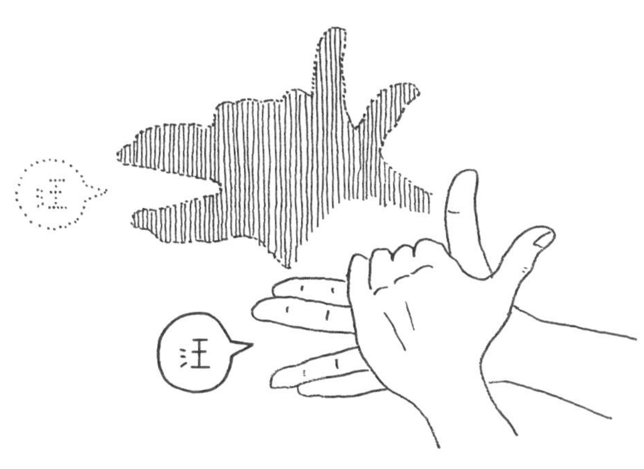

我想，从事住宅设计的设计师还应该有一个必备素养，那就是玩心。

好住宅当然应该布局合理，功能齐全，但是，如果过分简约，太一丝不苟地追求实用性，房子就成了箱子，显得很寡淡，不好玩了。

一所房子里如果有一些有趣的点缀和机关，就显出一种“玩心”，就像谈话中的幽默一样，玩心设计让人觉得生活不那么枯燥，能给居住者带来愉快好心情。

一些愉快的小细节，会让居住者每次使用时都忍不住会心微笑，怎么设计这种细节，很考验设计师手下功夫，每次遇到做这种设计的机会，我都觉得自己赚到了。

我参观过位于美国东部乡村的震教徒聚居地，细致观察过他们的建筑，正是震教徒的房子，让我明白了住宅里应该有一些玩心。

震教徒的仪式中有舞蹈。但其实他们只有在集会上才痉挛狂舞，平时则生活得严谨而有秩序，简直可以用“静稳”二字来形容。他们认为每日的工作和生活都是一种祈祷。据说，他们最尊崇的是事物的合理性、机能性和实际可用性，他们身上既有一种发明狂人的气质，也有一种平和的幽默感，正是这种复杂气质，让他们的建筑和家具的细节里充满了令人愉快的创意。

关于他们住所的细节，在第 43 页有插图介绍。

在这里，我想介绍几个我设计的细节机关。每个都带点震教徒味道，第一次看见的人都会忍不住微笑。

首先是“升降式晾衣架”。

这个家里住着一对中年夫妇，两个孩子，还有一位老太太，祖孙三辈五人之家，升降式晾衣杆是为他家的家务室设计的。夫妇两人都是学校老师，白天要上班，老太太负责洗晾衣服，老人个子不高，而且他家房子四周是农田，一刮风就沙尘乱舞，地段不太理想，因为这些客观限制，所以房子里必须得有一个机关设计，让每天的洗衣晾衣变得更轻松。

设计初始，我就一直在考虑有没有什么好方法能解决晾衣问题，我把家务室的上部打通，做成开放式高天井，在屋顶设置了能开闭的玻璃天窗，还找了一个好友商量，他和我一样，都是热爱小机关的发明狂，我们一起构思出了一个电动升降晾衣架，晒衣服的时候，晾衣杆高度可以调节到最容易操作的高度（老太太腰背有点弯了，有了电动晾衣架，她不用劳累身体也能轻松地晾衣服），一按按钮（右下），衣架就轻盈上升到天井最高处，那里通过空气对流积聚了热空气，温度最高（右中）。二层是卧室，窗户面向天井，站在卧室就能轻松收回晾干的衣服，一个升降设计，带来多种方便（右上）。

再说一个吧，那就是我家的“空中走廊”。

我家楼梯间的上部有一排书架，从书架取书，选好书后坐下来阅读时，都要用到这个空中走廊。这部分原本是一段混凝土梁柱，裸露在外，看着很粗糙，我没办法了才想出苦肉计，在那儿架了一排书架，要想走到书架边，必须得有一个空中走廊。空中走廊有两种组合方式，先推拉，后悬挑。操作起来很简单，效果也不错。开放式天井里一眨眼的工夫就出现了一个走廊，走廊的尽头，书架下端是一个读书椅，刚好容得下一个大人，像在等着谁来坐下，整个设计的意趣就在这里。

把玩心转换成建筑装置，让其发挥实际用途，这些对我来说是无上的欢愉，即使有人在背后说我是“胡闹，不务正业”。

“山村住宅” 2003 **年**
设计 = 中村好文　千叶县木更津市

20世纪初活跃于英国的著名插画家威廉·西斯·罗宾逊（William Heath Robinson）构思的“不受半夜爱哭的小孩烦扰的安眠装置”。他画过很多好玩的机关装置插画，又认真，又夸张，充满辛辣的英国式幽默。有时候，我也喜欢研究没实际意义的机关装置，乐此不疲，说不定我是罗宾逊老先生的远房亲戚呢。

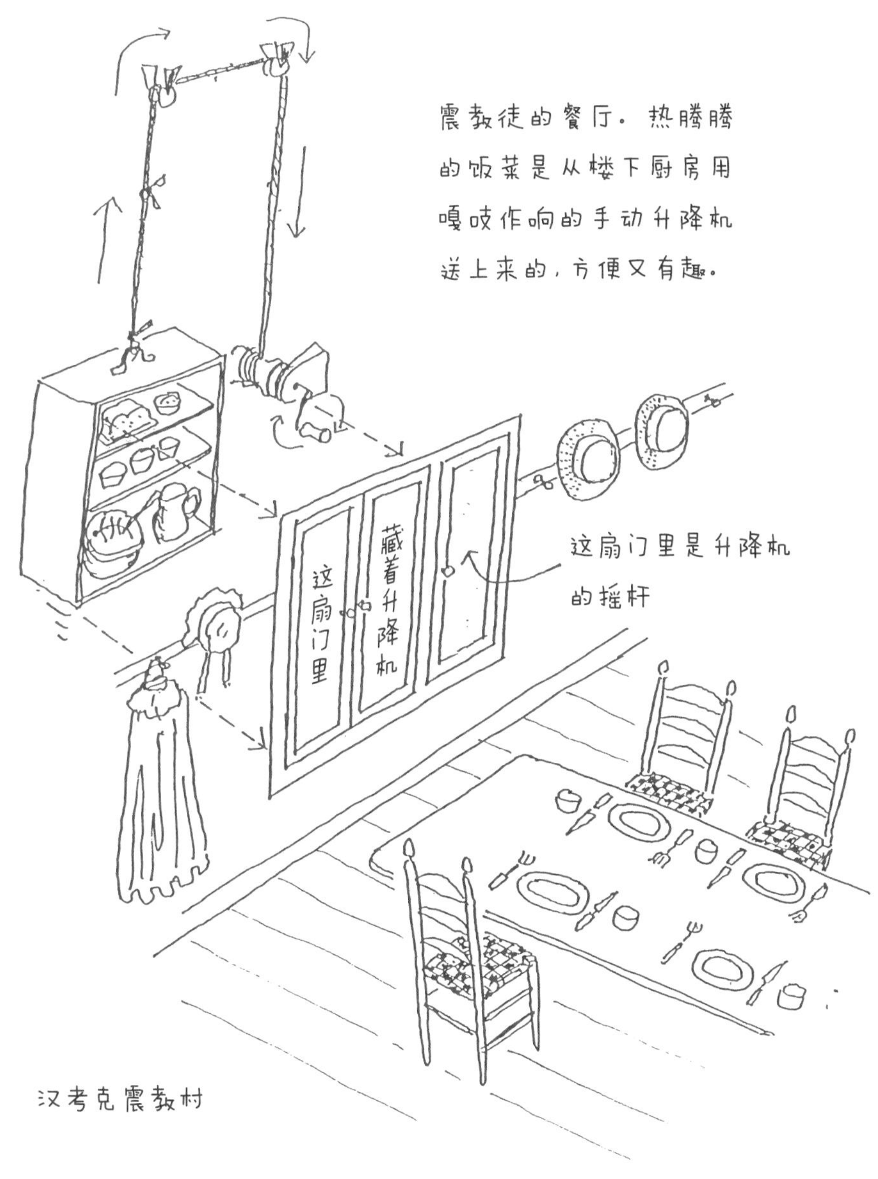

震教徒的餐厅。热腾腾
的饭菜是从楼下厨房用
嘎吱作响的手动升降机
送上来的，方便又有趣。
这扇门里
藏着升降机
这扇门里是升降机
的摇杆

汉考克震教村

震教徒们很喜欢搞小发明创造，让日常生活变得更方便，小到晒衣夹子之类的小玩意儿，大到水力发动的大型洗衣机，他们的各种发明都获取了专利，专利数量之多令人惊讶。更重要的是，这些发明来自他们善于观察生活的慈爱之眼，这件事我们不能忘。

在任何一个住宅里，楼梯间的上方都有一个空间，就像照片上这样。为了有效利用空间，我家在天井侧面凸出的梁上安置了书架，书架悬空了，怎么过去取书是个问题，所以空中走廊就成了必需。从怎么利用空间的问题出发，得出空中走廊的答案，我生性爱机关装置，爱动脑筋琢磨，一旦有了答案，哪还按捺得住！

先把书架上的围板拉出来，围板与地板连为一体，呈L形，拉出来就是一个走道，可以容一人走，围板正好可以当扶手栏杆，防止人掉下去。

过了第一段走道，接下来要把两块悬挑面板依次放下来，这样空中走廊就完成了。从书架上选好书后，可以到走廊另一端的读书椅那儿坐下来看书，心情别提有多轻快。

空中走廊的宽度约是楼梯的一半，就是说即使拉出空中走廊，还有半边楼梯可用，不妨碍正常上下楼，这是整个设计的亮点，怎么样？很棒吧？

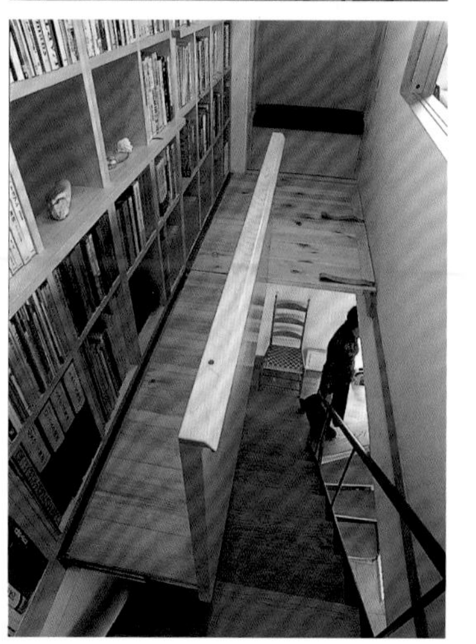

“久远之家” 2002 年
设计 = 中村好文 东京都大田区

从事建筑设计和家具设计的工作，常常会遇到这样的说法："这里要做得有玩心，做得更灵活一点"或者"那里别做得太死板"。玩心，在建筑方面可以表现在木制建材的框架部分，家具方面则主要是抽屉等，这些都是可动部分，让这些部分保留一些可变化的余地，就是玩心。"玩"这个字再恰当不过了。

我有时觉得人生像一个抽屉，里面放满了柴米油盐和喜怒哀乐。所以，人生需要有一点玩心，玩心很重要。不用多解释，这里的玩心指的正是内心的余裕。我这个人，不是循规蹈矩、一丝不苟地按着计划行事那种类型的，我希望自己能活得稍微散漫一点，话虽这么说，我每天依旧从早晨忙碌到深夜，工作表满得消化不了，看得头疼，哪有时间散漫。

不行，不行，文章就写到这里吧，我得给自己一点余裕空隙。

MEMO

第6章

厨房和餐桌

凌乱得很优美的厨房，或者……

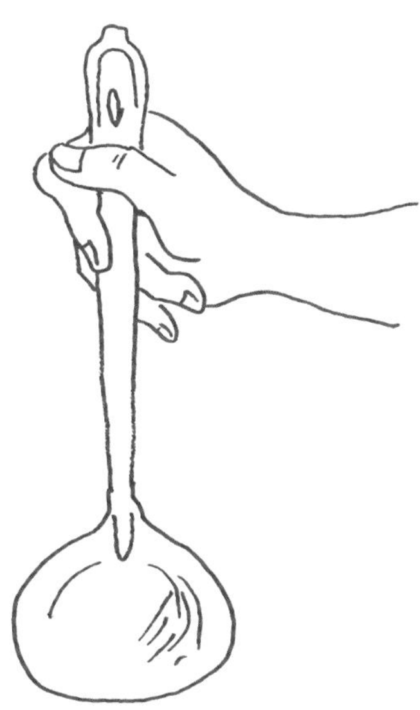

凌乱得很优美的厨房，或者稍微有点凌乱但还不至于让人感到沮丧疲惫的厨房，在我看来是最理想的。

做饭自有步骤和顺序，厨房里的活儿需要把一连串动作融会贯通，每一步都环环相扣，需要人的动作迅敏如条件反射。在做饭时，难免会遇见热油飞溅，煮沸溢出，酱汁爆散等小意外，如果太在意这些小意外是做不出好菜的。即使做到了让油不飞溅，依然还有许多手忙脚乱在等着，下一个步骤里要用的锅，洗菜盆，备料小钵等都要事先准备好；无数食材在等待着上砧板，鱼、肉、蔬菜等着被收拾，切段，剁碎。虽然老话说“赶着赚钱的人穷不了”，这句话换到厨房，就成了“赶着做菜的人没空收拾”，做菜讲究一鼓作气，所以在厨房里，即使你是整理收拾狂人，也赶不上弄乱的速度。

厨房可以被看作是一个小战场，这是我的“厨房观”，来自我做饭的亲身体验。

现在的整体厨房造型漂亮，创意十足，用起来方便顺手，非常受主妇欢迎，但是如果让我在设计中使用整体厨房，我有抵触心理。我觉得厨房就应该是一个让人面带微笑哼着歌做饭的地方，不用太在意凌乱。整体厨房的边边角角都精致，整齐得有些拘谨，我哪怕只是看这样的效果照片，都觉得不舒服，本来轻松愉快的做饭心情都被破坏了。

我设计的住宅里的厨房，从不锈钢水池到门把手都是专门定做的，我希望我的设计能和住在里面的人的饮食习惯搭配得严丝合缝。话虽如此，“凌乱”这个词却并不方便摆到台面上来用。因为每家人新盖了房子，都会暗自下决心：“这一次一定要干干净净、整整齐齐地过日子。”作为一个还算善解人意的建筑师，我当然不会违背客户意愿，但是，我依然觉得厨房不仅仅是主妇一人的地盘，厨房对所有在那里烹饪的人来说，都是一个圣域。

曾有一位家具设备公司的设计师告诉我，与主妇客户商谈时，有些词不能用得太频繁，比如“合理性”和“机能性”，这些词我们建筑工作者很爱用，有时甚至是我们强调的主题，但是如果只强调这些，在商谈过程中会让客户心生抵触，结果反而不妙。还是类似“使用方便”“划算”“环保”“漂亮有品位”这些词好用，在商谈过程中要把这些词巧妙地随处嵌入，给对话添彩，这是种说话的技巧。这是身经百战的设计师送给我的宝贵建议。

所幸的是，至今为止我遇到的客户都很好沟通，关于厨房设计方面，我还用不上这些商谈技巧。或者说，在每次商谈之前我都会让客户参观我们工作室里那个充满各种机关装置的“散乱起来也不怕”的厨房，估计是我们的厨房有着无声的说服力。

在我们的厨房里，各种锅都直接放置在台上，没有收纳起来不让人看见，这样厨师一来就能马上进入工作状态。从某种角度看，这样也许显得凌乱，但是再换一种视角，也可以说很生动，充满活力，如果用画家或雕塑家的工作室来打比方也许比较好懂，工作室之所以有一种特别魅力，就是因为那里是工作现场，洋溢着认真投入的氛围。我认为厨房也是一种工作现场，如果把厨房看作一间工作室，它就应该充满生动活泼的工作氛围。

我希望住宅是一个充满温情的地方，温情也表现在日常生活的柴米油盐里，这不仅仅是厨房的问题，也许是我潜藏在心底的一个心愿。

在自家厨房里收拾鱼的檀一雄　1961 年

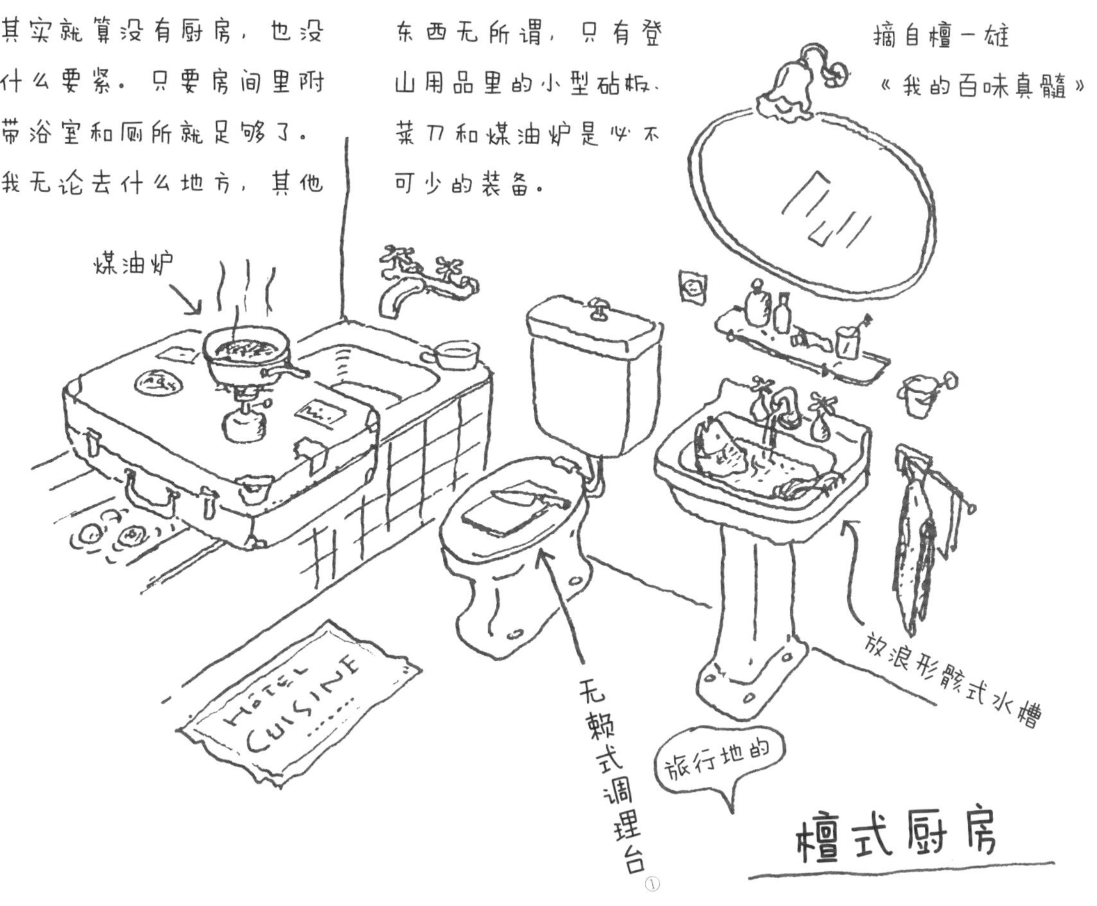

其实就算没有厨房，也没什么要紧。只要房间里附带浴室和厕所就足够了。我无论去什么地方，其他东西无所谓，只有登山用品里的小型砧板、菜刀和煤油炉是必不可少的装备。
摘自檀一雄《我的百味真髓》
煤油炉
HÔTEL CUISINE
无赖式调理台①
放浪形骸式水槽
旅行地的
檀式厨房

作家檀一雄做得一手好菜，这早就很有名了。而且檀先生还留下了一本非常精彩的书——《檀式烹饪》，堪称家庭料理指南。我把这本书摆在厨房里，学着做了多少檀式料理，已经数不清了。我曾经很想看看烹饪高手檀先生下刀做菜的样子，编辑听我这样说，就帮我找来一张这么棒的照片。檀先生在随笔中写过他在旅行时也随身带着砧板、菜刀和煤油炉，在旅馆的浴室里做菜，于是我想象着画出了上面的插图。

① 檀一雄是日本无赖派作家，无赖派是第二次世界大战结束后日本文坛上出现的一个文学流派，主要特点是用诙谐笔调批判解构传统经典。

自从开办事务所以来，我已换了四个工作地点，四处的厨房我都改造或者干脆重建过。左图是我现在工作室的厨房，里面的设计凝聚了我至今为止的工作经验，堪称集大成之作。我每天在里面忙一忙，心情愉快，这种好心情也直接影响了我的设计工作。

做菜最讲究把握时间分寸。这是一个斜面抽屉，各种调料和香料一目了然，也很容易拿出来。正是“哪里有需要，哪里就有发明”。

竖立收纳盘子的抽屉，非常方便，取出的时候不用担心盘子之间互相刮擦弄出划痕。

在阪神大地震时，很多吊顶式的橱柜因为是平开橱门，以至于餐具全部掉出来，在地上摔了个粉碎。这事真令人不寒而栗。自那以后，我设计的厨具柜都采用了推拉门，这样更抗震。

我们轮流做每日工作午餐，每次两个人当班，因为日日都做，所以只要确定好要做什么菜，不用商量分工，两人也搭档得又默契又顺畅。

特制的梯形砧板可以严丝合缝地固定在水池边缘。蔬菜也好，鱼也好，切好的部分可以左右开弓直接扫落到容器里，省了很多事，这一点是这个设计的精妙所在。

“赶快！饭好了！看着很香吧？”今天我们吃撒了罗勒香草的蛤蜊意大利面条、水芹沙拉，再配上冰镇好的意大利气泡酒。

“Lemming house 的厨房”
2000 年　设计 = 中村好文　东京都世田谷区

等饭菜都做好了，我喜欢众人围着餐桌坐在一起，一边吃饭一边热热闹闹地聊天。吃着聊着，日渐黄昏，再来点酒，于是越聊越起劲，心情也跟着敞亮起来。这种与三五知己好友，或者和工作室同事一起吃饭的气氛，如果找个恰当的词汇来形容，大概就是“其乐融融”。

说到其乐融融，首先令人想起的，就是“一家团圆，其乐融融”吧？这是个比较严肃的话题，首先，在这里我想围绕这个概念思考一番。其实“一家团圆”也是最近建筑界的一个争论焦点，当我们讨论“什么是住宅”时，这个话题必被提及，无法回避。

这个话题为什么会变成争论呢，因为一方是“一家团圆派”，他们主张“住宅就是全家人围着餐桌一起吃饭的地方”，另一方是意见截然相反的“团圆毫无意义派”，表示不服气。关于“一家团圆派”的主张在这里无须赘言，而“团圆毫无意义派”的论点如下：

> 近些年来，尤其在大城市里，家庭结构变化显著，时间上也好，气氛上也罢，一大家人齐聚一堂和睦用餐的机会已经微乎其微。一家人围着一张餐桌什么的，早已是老皇历了。这一派还极力主张建筑师不应该沉浸在一家团圆、其乐融融的幻想里，要直视社会现实，做出反映现实状况的设计提案。

再进一步说，现在住在同一屋檐下的，未必一定是一个小家庭，这种趋势似乎撼动了团圆派的“住宅就是全家人围着餐桌一起吃饭的地方”的主张，令团圆派陷入了劣势。当下社会，既有未婚男女同居的住宅，也有朋友合住的房子，再或同性友人住在一起，二代或者数代同堂的情况也不少见，所以现在住宅的定义已经不再等同于“装载小家庭的容器”了，但是同时，以上每一种又都确实是住宅，所以话就变得不知该怎么说才合适了。

说到具体的住宅设计，首先需要确保的是起居室、餐厅、厨房等公用空间，随后再加上卧室等几个私人空间，总之，人们在无意识间就把三室一厅或四室一厅当作了房间配置的范本。其实这种想法，走的是第二次世界大战结束后从美国传入的现代之翼（morden wing，为小家庭准备的标准住宅）的思路，就是说这种房间配置是为一对夫妇几个孩子的标准小家庭而设计的。然而现在同住在一个屋檐下的，已经未必全部都是标准模式家庭，住宅的形态确实到了该改变的时候。

以上是“一家团圆”争论的背景。

我参考着这个背景，有了我自己的想法。同在一个屋檐下的人（非标准小家庭也可以，同性友人也可以），只要在那个屋檐下做饭，在那里吃，经过多次反复，形成了固定生活习惯，那么，那个地方就可以定义为住宅。

我想起一句老话，“在哪儿吃在哪儿睡，哪儿就是家”，还有一句话叫作“寝食与共”，在哪儿吃，在哪儿睡，如果成了习惯，栖身之处便等同于“家”，这种说法也可行吧？

一只狗觅到食物，会叼着一路小跑回到屋檐下它栖身的地方，在那儿放心地吃饱，心满意足了，原地躺倒睡一觉。在我的想象中，人类的“栖身之处 = 家”的最初原型，就和这个很类似。

我在前面写过，在我的工作室里，同事们一起分工做饭，大家围着一张大桌子热闹地吃饭，席间洋溢着“其乐融融”感，我想说的是，席间洋溢着的并非只有这种团圆感，在我的感觉中，还有一种大家庭般的气息。尤其是一起吃晚饭时，我仿佛听到一个声音在我耳边轻响：“如果再有个地方能让大家睡觉，那么把这里称为住宅也没什么不可以的”。

Lemming house **的餐桌**

工作室的午餐风景。平时五六人，最多的时候七八人，所以饭菜都装在大盘子里，各自随取随吃，不限分量。买菜、做饭、煮饭后咖啡、洗碗等工作按照抽签方式决定分工，无论是事务所所长，还是职员、临时工，都一律平等。

诺曼·洛克威尔，《免于贫困的自由》
1943 年　油画　帆布　116 厘米 ×90 厘米

诺曼·洛克威尔画中的和睦餐桌情景。他用充满温情的笔调描绘出了餐桌前的众多笑脸、热闹谈笑，一家的祖母（我猜）为围坐在一起的众人端上她用心做出的拿手菜，菜上还冒着热气。

大约从十五年前起，我去过很多次现存于美国东部的震教徒村庄，都是访问旅行。无论是震教徒的建筑还是家具，我在每一件劳动工具、生活用品上，看见了他们简素而脚踏实地的生活形态。做这种复合型观察，对我来说，是再有趣不过的事，我从中学到了很多东西。关于震教徒村庄我曾说过多次，文章中时常有提及，所以经常有人问我：那到底在什么地方？有什么东西值得一看？

震教村可看的东西很多，如果有人对他们的房子和日常生活感兴趣，或者好奇他们的饮食和餐具，那我首先推荐汉考克震教村集体住宅里的厨房。厨房位置虽然在半地下，却非常明亮宽敞，里面有方砖垒起的巨大炉灶，有手动压水机，有手摇苹果削皮机等，各种烹饪用具琳琅满目，哪怕只是远远看着，都保证让你心动不已。厨房楼上是餐厅，在这里有手动升降机，可以把做好的饭菜搬运上来（参见第 43 页），这些装置机关里流露着一种乐观愉快的氛围，让人感动不已。

百闻不如一见，请大家一定要找个时间亲自去参观一下才好。

第7章

孩子

孕育孩子梦想中的家……

说到孕育孩子梦想中的家，在大家的想象中，这样的家是什么模样呢？像幼儿园游戏间一样？还是房子造型像迪士尼乐园似的？

嗯，说实话，浮现在我脑海里的，不是这种引人注目的绚丽造型，而是我自己小时候的家和家附近的场景，带着些许泛黄褪色。

我在一个海边的偏僻小镇出生长大，老家房前的庭院直接连着海边松林，穿过这片松林，“九十九里滨”沙滩在眼前绵延展开，一望无尽。

在我幼年时，我家做饭用的还是烧柴灶，用手动压水机汲水。现在看来，这些好像是“日本民间故事”里才会出现的场景，不过在我小时候，家家都如此。

我家是一座农村老房子，茅草屋顶，从建筑的观点看，实在乏善可陈，但是对我这种贪玩的孩子来说，家里家外，到处都是好玩的地方。

比如说，我家房檐边上有棵大合欢树，爬上树，再沿着树枝溜上屋顶，坐在屋脊上远眺大海，就是件特别有意思的事；匍匐着爬进房子下方的地基部分像一场冒险；钻进家中的壁橱，里面特别暖和，那儿有我自己的小天地；夏夜里，我在蚊帐里拿大顶，用脚尖去够蚊帐中间那块最松软下垂的地方，或者在里面玩相扑，砰！咚！咣当！一直玩到挨了大人骂才老实。

如今回想起来，就是这个破旧的家培育出了我的玩心，让我对事物充满好奇，教给我什么样的地方会让人舒服得不想挪窝。对事物充满好奇，认真观察，用肌肤去感受，用脑子思考，亲身去体验，把感受一一刻入记忆里，之后，再用充满个性的手法表现出来……这些都是为成为建筑师而打的地基，或者说，是为完成自我而做的准备，是生我养我的那个家和四周的自然环境，为我打好了地基，如此想来，我对老家满心都是感激。

我在本书的开头，曾介绍了《长腿叔叔》的女主角茱蒂·阿伯特的一段话，我想请读者们再次回想一下，也许有读者记不清了，所以我想再次引用一下她写给长腿叔叔的一封信。

> 这是个非常适合小孩成长的家。这里有让小孩玩捉迷藏的幽暗角落，能烤爆米花的壁炉，屋顶阁楼适合百无聊赖的下雨天在里面跳来跳去，楼梯边还有光滑的扶手，顺着扶手滑下去，下端有一个形状好像压扁了的圆面包一样的柱头，让人忍不住想来回抚摸……对了，房子里还有一个非常宽敞明亮的厨房……

对呀，就是这样！

"湘南之家" 2000 年
设计 = 中村好文 神奈川县镰仓市

“回忆的藏宝箱” 2000 年
制作＝横山浩司　神奈川县镰仓市

我们搞建筑的，总是倾向于只考虑住宅的合理性、机能性、方便感、舒适性和是否经济划算；对客户来说，好房子的标准是住起来方便舒服、外观体面漂亮，但是我觉得，判断住宅好坏的基准不仅限于上面这几条，再加上“是不是一个适合养育孩子的家”“能不能培养孩子拥有一颗丰盈美好的内心”也未尝不可。如果把这重要的几项也加进去，我想住宅就不仅仅是防风遮雨的柴米油盐之地，更会升格成一个孕育着梦想的暖窝。

几年前，我为 Y 夫妇和他们的两个小女儿设计了房子，Y 夫妇在找我之前，已经见过几位建筑师，也商谈了设计事宜，总之，他们在几位建筑师里做了一番挑选，选择他们认为真正可以托付的人。据说在 Y 夫妇与建筑师们面谈的最后，向每个人都提出了同样的问题“请问，可以在庭院里为我们设计一个孩子们玩的游戏小屋吗？”，可是每位建筑师都只是面露惊讶不解之色。Y夫妇也问了我同样的问题，我当场回答说：“哈！听上去很好玩，没问题！”正是我这句话，让我中标了。

在设计过程中，我一直在考虑该怎么回应Y夫妇的特殊要求，再没有什么东西比这个要求更能激发我的设计灵感和童心了。我想，如果把小狗木屋扩大成适合小孩的尺寸，在院子里直接装个“小孩家”好像很好玩；如果用各种建材做个立体雕塑，让孩子们自由发挥想象力，把内部空间当作房间或者家具来玩也不错；想来想去，最后采取的方案是一个板壁由低慢慢变高，仿佛卷起来的变色龙尾巴，而中间部分可以藏身的造型（见第61页图），如果在中间竖起一把遮阳伞，就出现了一个圆形小屋。板壁上开着小窗户，孩子们从窗中探出头来，可以和在主屋里的父母挥小手打招呼。

房子盖好后，两个小姑娘别提有多喜欢这座“小尾巴屋”了。

在房子即将完工时，Y夫妇又提出一项特别要求，他们希望我设计一个藏宝箱，要结结实实的，能把孩子们的宝贝都放进去妥善收藏。他们想将来女儿出嫁的时候，能带着藏宝箱一起走，箱子里放满儿时回忆，喜欢的玩具、相册、教科书、生日礼物、日记本……

这个想法很动人，对吧？

我脑海里浮现出父母把宝箱交给女儿，对女儿说“一定要幸福哦！”的情景，就好似小津安二郎电影里笠智众的角色[①]，所以我高兴地接受了这个委托。之后，家具师横山浩司也被Y夫妇的想法打动，他用不同的木材（梨木和樱桃木）为姐妹俩精心打造出了两个宝箱。

姐妹二人将来离开父母时箱子里会装满什么宝物，不是我能知道的事，但是我想，那时箱子里装满到溢出的，一定会是她们儿时的梦想和父母的深情关爱吧。

---

① 女儿出嫁、父母与孩子的亲情牵绊是小津电影里的常见题材，在这些题材的电影里，演员基本上是固定班底，连角色名字也一贯沿用，其中笠智众演了十几次父亲，原节子演的则是女儿。

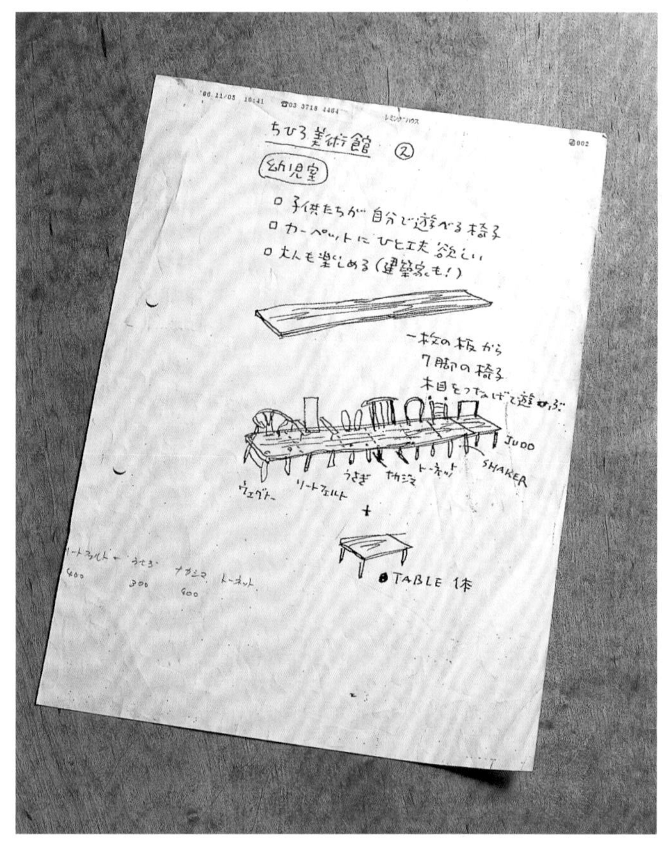

我交给木匠师傅的素描 1996年

几年前，我为位于安云野的“千寻绘本美术馆”做了家具设计。从纪念品小铺里摆放明信片的木台，到美术馆员用的高脚凳，几乎所有的家具都出自我手，其中令我最雀跃的是放在儿童游戏室的一组椅子，都是经典名椅的缩小版。一块细长木材分成七个椅面，再装上不同形状的靠背和椅腿。猛一看是一个长椅，又可以打散分开，等小朋友们玩够了，可以沿着木纹形状再把椅子组装回去，既是家具，也能当玩具。我在椅子里倾注了这样的心愿：愿孩子们在玩耍过程中，能慢慢爱上木头，也爱上椅子。

“七连椅” 1997 年　制作 = 奥田忠彦
从左至右分别是震教徒椅、索奈特椅、我设计的小兔椅、中岛胜寿的康纳德椅、韦格纳的 Y 型椅、阿尔托的无扶手椅、里特维德的扶手椅。

我在本章的开始写了我小时候老家的样子，在写的过程中，我想起另一篇生动好文，写的也是关于老家的回忆，在这里我简单介绍一下，作者是著有《昆虫记》的法布尔。

“在那些一家团圆的寒冷冬夜里，我时常回想起祖母辛勤劳作的样子。到了晚饭时间，餐桌两侧椅腿高低不齐的枞木长椅上坐满了大人和孩子。每个人的面前摆放着勺子和碗，桌头放着马车车轮那么大的裸麦面包，面包用一块麻布包着，麻布刚洗过，还带着清新香气。（中略）祖父每次只切取所需的部分，用那把只有他才可以用的餐刀，把面包分给每个人。（中略）餐桌旁，大壁炉里火焰噼啪作响。在严寒天气里，添入壁炉中的，都是整根的粗大木柴。”

怎么样？好吧？

读过这样的文章，我更加由衷地想设计这样一种住宅：在里面长大的孩子，即使人到暮年，也会满怀温情地回忆起往昔。

第8章

手感

是触觉让人心生眷恋……

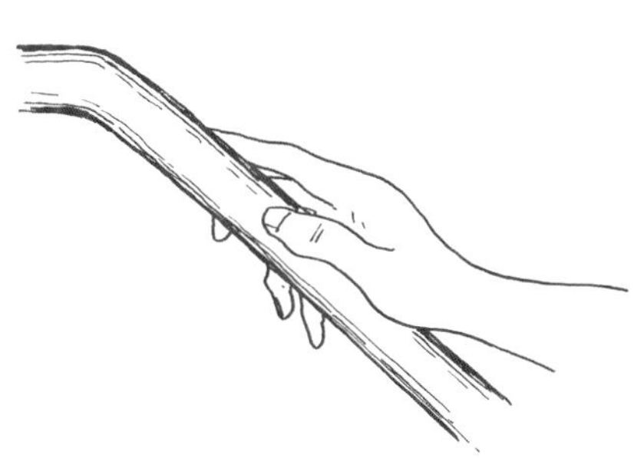

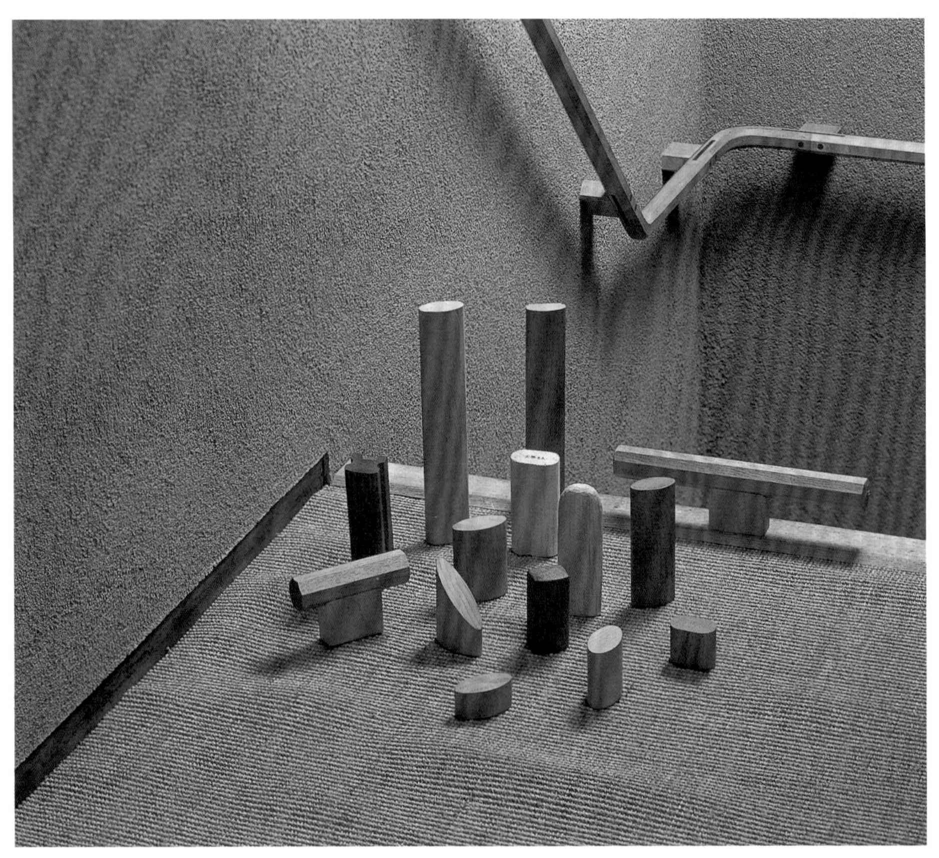

从作者到目前为止做过的楼梯扶手上切下来的样品

我觉得一个东西让人眷恋，是因为它的手感舒服，大家认为呢？

我可能是个触觉型的人，对一件东西，我总会伸出手去摸一摸，蹭一蹭，捏一捏，这些动作我下意识地就做出来了。这可能是我的第二天性，或者说是习惯吧。

所以，无论是口袋里的零钱包，身上的衣服，还是自家或工作室里的餐具、家具等东西，在买之前我都要摸摸看手感如何，之后，我会用手感受它，珍视它，把它长久地用下去。

我觉得眷恋不舍的感觉，是自己的手掌先体会到的，触觉带给人确切的手感。或者说，人愿意全面信任自己的触觉，这是种走在知性和理性前面的本能。

这类“触觉型的人”如果做住宅设计，自然而然地，就想把手感最好的东西安放进房子里。我想让居住者用手掌确认房子的手感，借着手心的感受，慢慢加深对家的眷恋，我之所以这么想，是因为特别在意手感。

在我看来，一个住宅里如果有些细节手感特别棒，或者整座房子都让人觉得手感很好，足可以媲美高天井的起居室、能看见外面风景的落地大玻璃窗、装着地暖的大理石地面或者玲珑华丽的枝形吊灯。好手感不张扬，不会让来客艳羡惊叹，成不了热烈的讨论话题，可是，不显山露水的东西奢侈起来才更幽妙呀。

我和所谓的豪宅没有缘分，也从来没想过设计豪宅，将来如果有奇人想要一座“触觉豪宅”的话，我肯定第一个报名设计。

在各种手感里面，我最在意的是楼梯扶手的手感。

我为什么对楼梯扶手那么执着？因为楼梯扶手是全家人都要触摸抚握的部分，楼梯扶手是媒介，通过它，我仿佛和这一家的每个人都握了手。

我走访过古今东西众多经典建筑，触摸过里面魅力十足的楼梯扶手，体会到一种与建筑师和建造房子的无名工匠亲密握手的感觉，也许在无意中，我也想把这种感觉体现在自己的设计里。

《长腿叔叔》里，茱蒂·阿伯特在书信中描绘了她第一次走进朋友家时的喜悦和感动，有一句说到“光滑的扶手”，在我看来这句具有暗示性。一般人也许注意不到光滑扶手这么细节的东西，她描述的是这个家的手感啊，在读到这一段时，我受到了深深的启发。

确实，对一个好房子来说，即使你闭上双眼，只用手触摸也能感受到其真正价值。茱蒂发挥了敏锐观察力，她直接看穿了一个“好家”必须具备的重要细节，并且描绘得那么清楚，这件事深深地烙刻进了我心里。

对啦，你家摸上去手感好吗？

“埃希里克住宅” 1961 年
设计＝路易斯康　美国　宾夕法尼亚州

每一个被称为杰作的建筑里都有精致的细节，毫无例外。从完美的细节上，能看出建筑师的真正实力和眼光。路易斯康以哲学思辨的建筑风格著称，而这座房子的内部却充满了令人瞠目惊叹的精巧手工活儿。我只是触摸了一下楼梯扶手，便全身心地感知到了路易斯康的伟大之处。在日本，也有一位用生命追求建筑细节的建筑家，那便是村野藤吾，他直到 93 岁去世的当天也还在工作。如果去参观他的建筑，其缜密而执拗的细节，有时会令人寒毛倒竖。

“京都威斯汀·都酒店的佳水园”
1959 年设计＝村野藤吾　京都

建筑也好，家具也好，我喜欢摸起来手感好的，或者不如说，我讨厌摸起来“痛的”，“令人无法直视的”我也不喜欢。因为干这一行，所以我经常翻阅建筑杂志，每当看到那些由金属、玻璃和混凝土构筑而成的房子，冷冰冰的，像座蔬菜大棚，我还没来得及感叹其先锋气质和建筑师的才华，身体已经条件反射般产生了抗拒感，“啊，好痛！好冷！”之所以这么说，是因为几年前我在自己设计的自家浴室里，膝盖撞上了玻璃屏风（设计时觉得这东西很帅），受伤缝了三针。自那以后，我心里越发抵触起那些“看着就觉得痛”的东西。可能因为有些东西造型尖锐锋利，不用等伸手，只看一眼就觉得受了伤。

反正我的理想是做手感好的房子。手感好的东西，对眼睛也温柔。

第9章

壁龛

不讲排场的
壁龛……

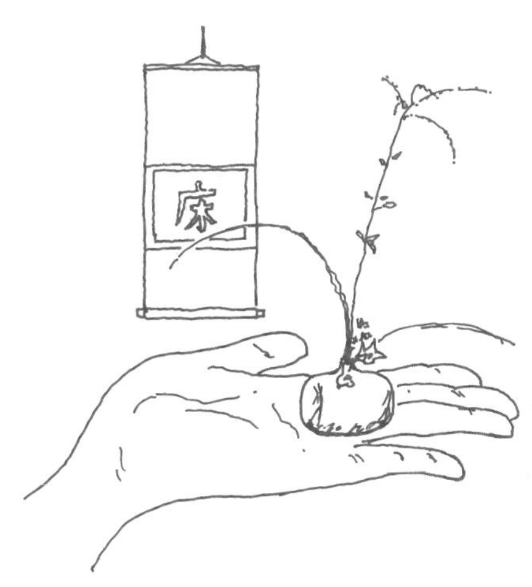

如果家中某个适当地方有一个不讲排场的壁龛[1]，整个房间的气质就大不相同。

说起来已经是二十五年前的事情了，那时我很爱逛古董店，有一次我在一家常去的店里看到一个李朝时代的矮柜，这种矮柜叫作“半闭”，造型非常端正，松木材质，上涂生漆，已经被岁月打磨得光泽古旧，那个质感啊，让我一见倾心。那时我是设计事务所的普通员工，矮柜的价钱根本不是我的工资能支付得起的。“这可是家具设计独一无二的教材……”我妻子虽然不情愿，还是被我说服了，七拼八凑之后我终于买下了这个柜子。

大约十天后古董店送来柜子，即使到了现在，我依然清楚地记得，这个柜子似乎对于自己的摆放位置有强烈的主张。那时我们住的是 one room 公寓，说起摆放位置，没什么选择余地，不是这儿，就是那儿，还有那儿也能凑合。直到把它摆放到好位置之前，它看上去一直别别扭扭的。最后尘埃落定，房间里最大的那面灰泥墙前是最适合它的位置。

当我把柜子放到灰泥墙前，在柜子的映衬下，灰泥墙作为背景显得非常寡淡，促使人想在上面再添点什么，哪怕是挂幅画。我也没多想，找出一张我心爱的收藏品——约瑟夫·亚伯斯[2]的《向正方形致敬》（请不要吃惊，只是一张装在画框里的丝网印刷的海报而已）挂上去试了试，画就像得了天时地利，搭配起来和谐极了。我一边在心里赞叹，一边欣赏，觉得在柜子上再摆点花也不错，于是按捺不住地跑到花店，买了几种白色小花，找出心爱的阿尔瓦·阿尔托[3]设计的曲面玻璃瓶，把花随心所欲地插了进去。

---

① 指日式榻榻米房间里凹入墙内的那部分空间，比榻榻米地面高一些，四周有柱，有框架，通常用来悬挂字画摆放插花。壁龛不是每个房间都有，通常出现在待客的地方，是一间客室的最引人注目的地方。

② 约瑟夫·亚伯斯（Josef Albers，1888—1976），德国美术家，曾在包豪斯担任教师。代表作是一系列四方形造型的简洁抽象画。

③ 阿尔瓦·阿尔托（Alvar Aalto，1898—1976），芬兰现代建筑师，工业设计大师。

这么一来，矮柜周围仿佛笼罩上了一种神圣气氛，我们那冰冷无味，好似借宿店的 one room 公寓里，顿时出现了一个沉静的避风港。这个只是用来吃饭睡觉的房间，因为矮柜，升格成了一个让心灵栖居的地方。我这么形容，不知读者能否领会。

只是多了一个矮柜，房间里就出现了一个特别的角落。因为有了这个角落，质感单调的空间有了阴影和纵深。

我觉得，一个家里需要有一个避风港一样的角落，比如壁龛。在不同季节里，随着不同心情，不同场景，按照自己喜欢的方式来摆设，渐渐地，这个角落就会变成一个家庭的岁时记或日记一样的东西。在这个角落里呈现出的，是居住者“内心的形状”呀。

即使是茶室那样的小空间，壁龛里挂着字画，下有插花，即使主人不在场，客人也能从中感到主人的姿态和待客心意。（茶道茶席里的字画挂轴上的内容，通常是一场茶席的点题之处，无声却重要，相应的插花也是为了搭配主题，是茶席主人的心意所在）我想，房间的摆设布置也是一样的道理。

说到我家那个“壁龛”，当然至今依然健在。不过有趣的是，随着岁月变迁，摆设方式也在慢慢变化。就像我刚才写到的，那时我还年轻，爱逞能，把那个角落布置得像茶室，有些用力过度。近些年松弛多了。最初它比较像一个“壁龛”，或者“仪式祭台”，最近它就是个放东西的木台，特别平易近人。新年里放正月摆件，女儿节摆雏祭人偶，圣诞节时放圣诞摆设，要是以前这些都要精心布置一番，而现在我轻轻松松地哼着歌，三下两下就搞定了。平日就更是顺其自然，旅行途中的海岸上捡来的石头，街头杂货铺里的铁皮玩具，我喜欢的 CD 封套，最近一见钟情买下的老花镜，慢慢地，各种各样的小杂物都上了矮柜。

这些看似毫无关联的杂物摆设，毫无保留地展现出的，是居住者的“内心的形状”，这么一想的话，心情还真有点复杂呢。

我以前租的公寓里的“壁龛”。这间公寓我自己改造过。那段日子我对李朝工艺品非常着迷（可以说是我自己的“李朝时代”），所以半闭矮柜上摆着的是李朝的白瓷罐。墙上挂着的是有元利夫的画作。现在看来这么摆设显得仪式感有点重，但也让我想起，在这个半闭矮柜上，我在不同时期里的兴趣爱好，宛如季节流转一样，来过，又走了。我搬家多次，无论搬到哪儿，这个李朝矮柜都实实在在地让房间里出现了一处心灵避风港。

"路易斯·巴拉干的私邸" 1947年
设计＝路易斯·巴拉干　墨西哥　墨西哥城

我被墨西哥建筑家路易斯·巴拉干的私邸深深打动，前后拜访过很多次。房子内外涂着鲜艳的墨西哥色彩，非常漂亮，室内四处的摆设点缀更是恰到好处，营造出的气氛透明而静谧，让我情难自已、深受感动。房间隐约给人一种基督教礼拜堂的感觉，也像是佛堂。寂静的房间里有阳光射进来，光与影的无声变化，让人感到时间正在这里一分一秒地走过。

“石神井台的居所” 1998 年　设计 = 中村好文　东京都练马区

这间公寓的内部墙面是混凝土直接裸露在外的，墙上一个恰到好处的位置上，悬挂着一个饰物架。架子是用古旧桐木柜的抽屉做成的。日本有一种传统手法叫作“置床”[1]，指的是在榻榻米房间里临时布置出一个壁龛。置床是种精彩手法，我的设计灵感就是从这里来的。在房间里，饰物架扮演着“壁龛”的角色，所以我也把它叫作“棚床”，或者“壁架”。

① 置床指的是在没有壁龛的房间里，放一个低台或矮柜，在上悬挂字画，可以制造出与壁龛相仿的气氛。

我曾参观过位于纽约曼哈顿的约翰 · 洛克菲勒夫人的待客公寓。负责设计的是建筑家菲利普 · 约翰逊。洛克菲勒夫人是现代艺术爱好者，同时也是赞助人，也以收集现代雕刻而闻名于世。她想为自己的精彩藏品建造一个优雅又妥当的展示空间，所以委托菲利普 · 约翰逊做建筑设计。约翰逊曾在现代艺术博物馆担任过艺术主管，也是现代艺术的爱好者。

最终完工的待客公寓是用马车库改建的，空间构成和内部规模都非常精彩，潇洒又雅致，体现出纽约客的优雅品位，非常值得一看。还有，让我至今记忆犹新的，是当我推开大门踏入房屋内部的瞬间，映入我眼帘的是一块镶嵌在墙体上的黑色花岗岩石板，看到它的那一刻，我不禁在心中叫了出来："棚床啊！没想到这里也有！"

我一直认为，即使一座房子里没有日式榻榻米房间，也应该有一个壁龛式的空间。我一直酝酿着一个构思：在墙体上装一块搁板就能起到棚床的效果。我以为这是我的独到想法，没想到，早在半个世纪前美国建筑家就不动声色地完成了。

第10章

与家具一起生活……

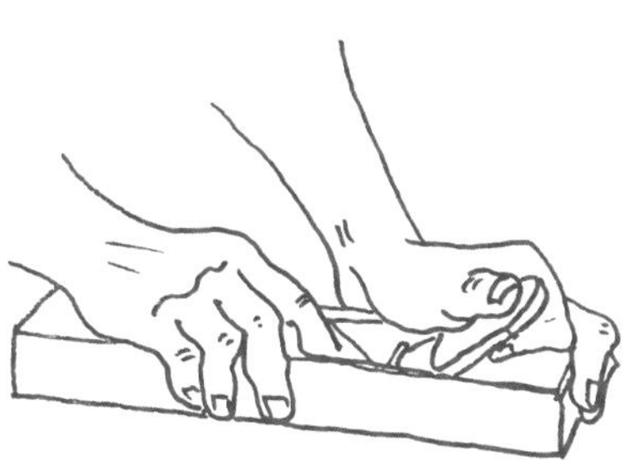

我觉得一个人能不能和家具建立良好关系，全看有没有“与家具一起生活”的想法。

作为一个建筑师，我既设计住宅，也设计家具，所以倾注在家具上的心思，也比一般人来得深入。

我做家具设计，开始于四处辗转不停搬家的学生时代。那时我是穷学生，还没有一件属于我自己的家具，无论我搬到哪儿，作为建筑系学生，制图桌（兼餐桌）是必需品，书架和床也不能少，那时，我对烹饪逐渐产生了兴趣，能放下锅子和餐具的架子也得有一个。迫于这些需要，我开始了设计和手工制作。

我制作家具的理念一直没有变过，那便是低成本、用手边就有的木匠工具就能做出来、式样合理、使用方便、榫头部分和组装方式是我的独创，并且，还必须美观。

当年我做的那些家具虽然粗糙，但其中寄托了我的远大理想。渐渐地，在这些手工家具里，开始出现了我东拼西凑攒钱买的现代设计经典椅子，因为我想随时参考这些名作，把它们当作教科书。我至今还记得当那把只用一根小手指就能挑起的庞蒂[①]设计的超轻椅子（Superleggera chair）送到我狭小公寓时，我不禁叫出声来：“简直像凤凰飞进了鸡窝里！”

有一次，在一个以住宅为主题的外地集会上，我谈到了自己当年如何着迷于家具设计，散会后，听众当中有一位年轻主妇向我走过来，面带苦恼之色，她问了我这么一个问题：“结婚后我们一直在寻找餐厅桌椅，一直没看到称心的，现在暂时用便宜家具凑合着，在您用过的家具里，有没有值得推荐的餐厅家具？请您直截了当告诉我，我马上按您的推荐去买……”

这让我怎么回答！我既不知道她住什么样的房子，也不知道她家几口人。而且说到餐桌，也得看是以日餐为主，还是西餐居多，餐桌和饮食习惯有很大关系，但她家吃什么饭我完全不了解，再说细致点的话，在我看来，餐桌最合适的高度也因为吃饭时喝不喝酒而需要做相应的调节，所以我很难直截了当下结论。但是即使我这么解释了，她依旧很不甘心地紧盯着我，眼神里有几分怨恨，我心一软，又加上

---

① 庞蒂（Gio Ponti，1891—1979），意大利建筑大师，家具设计师。

了以下的说明：

……我家只有我们夫妇两个人生活，餐桌2.2米长，餐桌周围摆着各种形状的椅子。虽然配套的桌椅看上去更典雅，但我家不是那种讲究典雅正式的人家，而且我觉得，如果把我设计的椅子和其他设计师的名作摆在一起，那种轻松随意的感觉也挺好的。就像大家在一起喝酒，都用同样的酒盅多没意思，还是一人一个样，各自拿着和自己个性搭配的酒盅喝起来才尽兴。我觉得椅子也同理。我家那些椅子是花了很长时间，一把一把慢慢添置的。椅子这种东西也有自己的个性，所以选椅子和拍电影选演员有着异曲同工之妙。想坐下来悠闲读书时，选这把椅子；想愉快地喝喝小酒，坐那一把；这个适合坐下来写信；把猫放上膝头时还是那把更舒服。慢慢花时间选椅子，就像是挑演员，为了完成一场只在我家上演的戏剧。按照这种观点，我们也可以从家具的视角出发，重新考量一下“居住”这个行为的本质。

最后，我可以给你一个小建议，如果你不知道该买哪个，不妨试着坐坐那些被称为现代设计名作的椅子，从里面选你喜欢的。名作椅子价钱要比普通椅子贵很多，老话说“买便宜货反而是浪费”，这句话用在家具上再合适不过了，所以买家具时不能太小气。如果买丹麦设计师的，韦格纳不错，雅克布森也很棒，意大利方面有庞蒂大师，年轻一点的史卡巴很出色。无论选谁的设计，都是名副其实的经典之作，坐上去舒服就不用说了，外观也赏心悦目，这些都是家具作为生活伴侣的重要条件，所以我推荐你先去试试这些名作再说。

不光是椅子，家具这种东西如果妥善使用，可以用很久，用一辈子，甚至可以几代相传。如果这么想的话，买家具要买端正、有格调的，不被流行趋势左右的，设计不俗的东西，无论如何，这才是最重要的。

我希望上面这些话，对各位读者也能有帮助。

我在前面写道："如果不知道该买哪个，那么请买现代设计的椅子名作，虽然价钱要贵很多。"拿我自己举例，当年我买庞蒂的超轻椅子时，真的是倾尽所有了。当时，我刚在建筑设计事务所找到工作不久，领着年轻新人的工资，椅子价钱是我月工资的两倍，如果不是我下定了决心，给自己鼓了劲，我不会买下它。但是，我在和这把椅子一起生活时学到的很多东西，却是用钱买不到的。

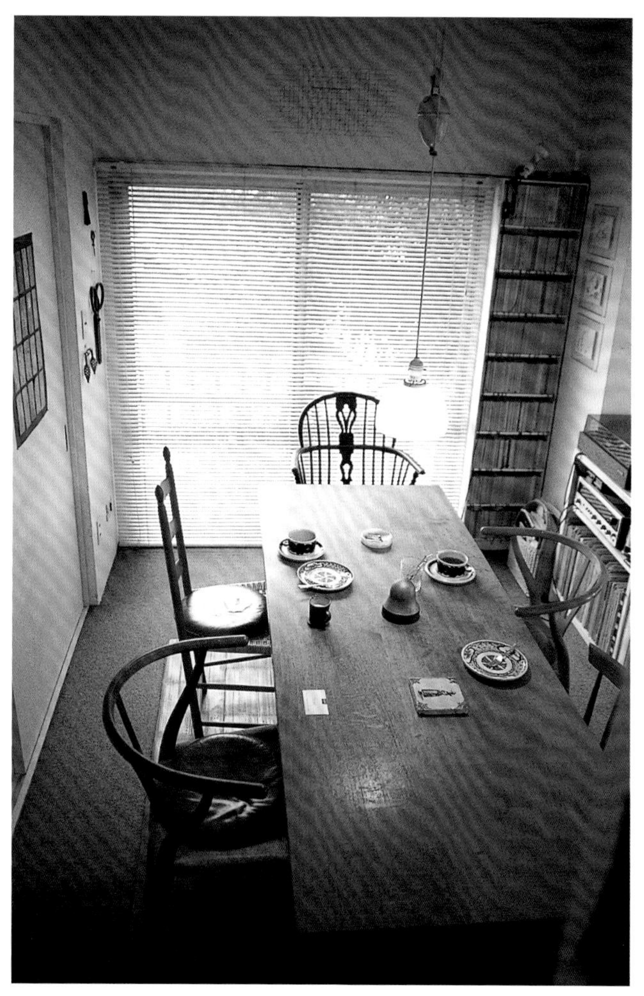

“家具跟人之间会越来越有感情”这种说法好像是真的呢。照片是我20年前的家，从那时起到现在，我搬了三次家，而大桌子和周围的椅子们一直都健在，我们去哪儿，它们就跟到哪儿，一副我家家庭成员的模样，和我们生活在一起，特别和谐融洽。

那些20世纪的伟大建筑师们，也都各自设计出了具有建筑师风貌的家具杰作。即使没有家具设计师的头衔，他们也毫无例外的都是优秀家具设计师。也有人沉浸在家具领域，干脆从建筑转行到了家具设计，查尔斯·伊姆斯便是一例。这张照片是伊姆斯夫妇（两人都是设计师）的私邸，里面到处都是他自做的家具。

在自家起居室里闲坐的伊姆斯夫妇（1958年）
“伊姆斯夫妇的家” 1949年
设计＝伊姆斯夫妇　美国　加利福尼亚州

我做家具设计，设计的都是每日生活里会实际用到的东西。

世上还有很多家具，或外形有趣，或色彩绚丽，或以独特构思拼接了多种材料，仿佛一件艺术装置，但是我和这种类型无缘。我设计的几乎都是纯木家具，外形正统，不上油漆，只简单地涂一层木油。我喜欢保持着木头本色和质感，日常使用多久都不会厌烦的家具。

我设计家具的契机来自日常生活。比如说，前年我设计了一个三段台阶式的踏脚台，因为那会儿我刚搬到现在住的地方，房间天花板很高，而我得更换灯泡，踩一般的椅子够不着。

对我来说，“需要是设计之母”。

第11章

持续住下去

一座能世代住下去的房子的打造方法……

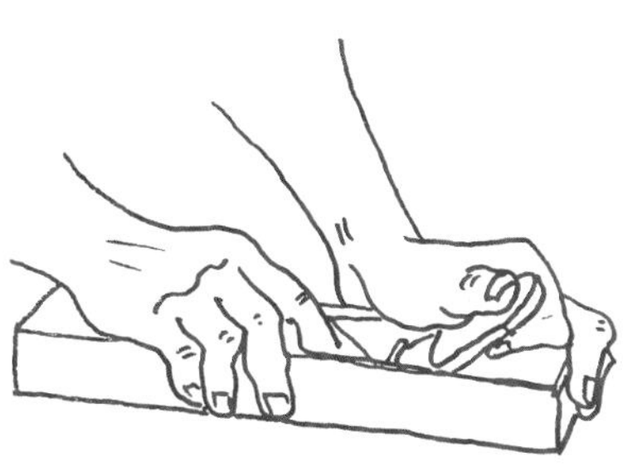

日本土地价格极易变动，对住宅的看法和价值观容易受到社会风潮影响，所以，日本人基本上没有让一所房子能世世代代住下去的意识。虽然我有朋友改建了百年以上的老房子住在里面，但这只是个例，详细统计数字我不了解，与欧洲诸国相比，比例极其低。

而另一方面，日本的住宅建设费用却高得惊人，几乎无法与欧美相提并论。这就是说，日本人花费了大量钱财，耗费心血和时间盖起来的家，没住多少年就废弃了，多浪费啊！我想，反正要盖房子，从现在开始，就应该把“世世代代住下去”当作大前提，让一座住宅无论从哪个角度来看，都能称得上持久耐住。

经常有客户问我“在您的设想里，这座房子的寿命有几年？”有时候还有客户这样对我说：“请务必给我们造一间能持续住一百年的房子！”其实，“持续”这个词不太好对付，里面藏着陷阱。一座住宅只要不偷工减料，老老实实地盖起来，即使是木造建筑，从结构上持续一百年完全不是什么难事。但是上下水、空调设备、电路系统能持续一百年吗？显然不可能。如果想让这些基础设施也能持续，就得考虑采取什么措施，才能让维护、修理和更换工作更容易进行。

其次，还有房间配置的问题。“家庭”（以百年的时间单位来看的话，也许称为“居住者”更合适）是鲜活的东西，成员会增加，会减少，小孩要长大，人会老去，变化一直发生着，不会间断。如果只短视一个时期，把房间配置做死了，就适应不了变化，将来肯定会后悔。就是说，从最开始就应该充分考虑把承重墙放到哪儿；厨房、卫浴作为一家生活的中心，位置该怎么安排，怎么做才能适应变化，将来改造起来不至于大费周章。所以我觉得容易更改的房间配置比较好，不用做得太独特。不勉强，不浪费，简单实用为佳。

建筑界本身是一个在独创性和独特性上互相竞争的地方，我身在此中，想法却一点也不“建筑界”。我曾多次走访过第二次世界大战结束后到二十世纪五十年代盖起来的一些住宅，其中包括了当年被争相模仿的洛杉矶周围的“个案研究住宅”[①]，我现在的心态就是在走访这些房子的过程中形成的。“个案研究住宅”这个概念对很多人来说也许很陌生，简单概括一下便是“为小家庭设计的倡导新生活方式的实验性

---

① case study houses，第二次世界大战后住宅短缺，《艺术与建筑》杂志委托当时的著名建筑家设计出了一系列样本住宅，特点是经济实用、设计和施工易于复制模仿。

住宅”，是当时颇受欢迎的《艺术与建筑》（*Arts & Architecture*）杂志搞的一个专题策划。

我参观时这些住宅都已有四五十年的历史，经历了半世纪的岁月变迁，却不显旧、不显脏，就像刚盖好不久一样，清新又美观，且被居住者收拾得齐齐整整，这让我十分惊讶。另外，与最初的设计图对比，能看出每座房子都有过或大或小的改建装修，但这些改变却没有仿佛竹子接在木头上的不自然感，反而像一开始就在那里一样，非常协调。

这里需要留意的是，改建计划和施工等技术方面的巧拙并不是关键，最为重要的是，房子最初的设计里充满了可变性，其中存在着一个骨架，无论居住者的生活状态在岁月里发生什么变化，这个骨架都容纳得下。这个骨架，就是住宅房间配置的总体结构，就是动线设计，就是各房间的面积分配。

这些住宅尤其让我钦佩的，不是建筑方面的立意，而是与生活紧密相连的细致用心，例如，从一个房间到另一个房间的路线是洄游性的，就是说无论向左还是向右，绕一个圈都能到达；家务室非常大，并且有一个后门，出了后门是一个宽敞的家务庭院，可以晾晒衣服，放垃圾桶。在一般常见的设计里，留给家务空间的面积总是非常窄小，但这里却设置得很宽敞，生活起来没有障碍，我想，这是一所房子能让人长久住下去的重要因素。

以上说了这么多，谈的是能一直住下去的房子应该怎么安排房间配置。其实，能一直住下去还有别的条件。

比如说“家的模样”。有的人终于要拥有心念已久的家，不管三七二十一，盖起了一座媲美宝塚歌剧团华丽舞台的粉红少女屋。或者没选好建筑师，建好的房子外形独特，睥睨四邻。这种房子不用说，出局了！这类太时髦的房子，运气好也就能撑十年，时间越长，越是“百年之耻”。如果真的想一直住下去，就不要只考虑外观炫不炫，更应该着眼的，是随着家庭成员变化，房间用途和配置更改起来够不够方便。

还有，房子的建材也是个问题。而且非常重要。在我的设计里，我喜欢用值得去保养的材料，越住越有味道的材料。不一定要选那种昂贵的、光洁得挑不出破绽的材料，比起这些，我更愿意挑选那些随着时间推移让人越看越喜欢的材料。

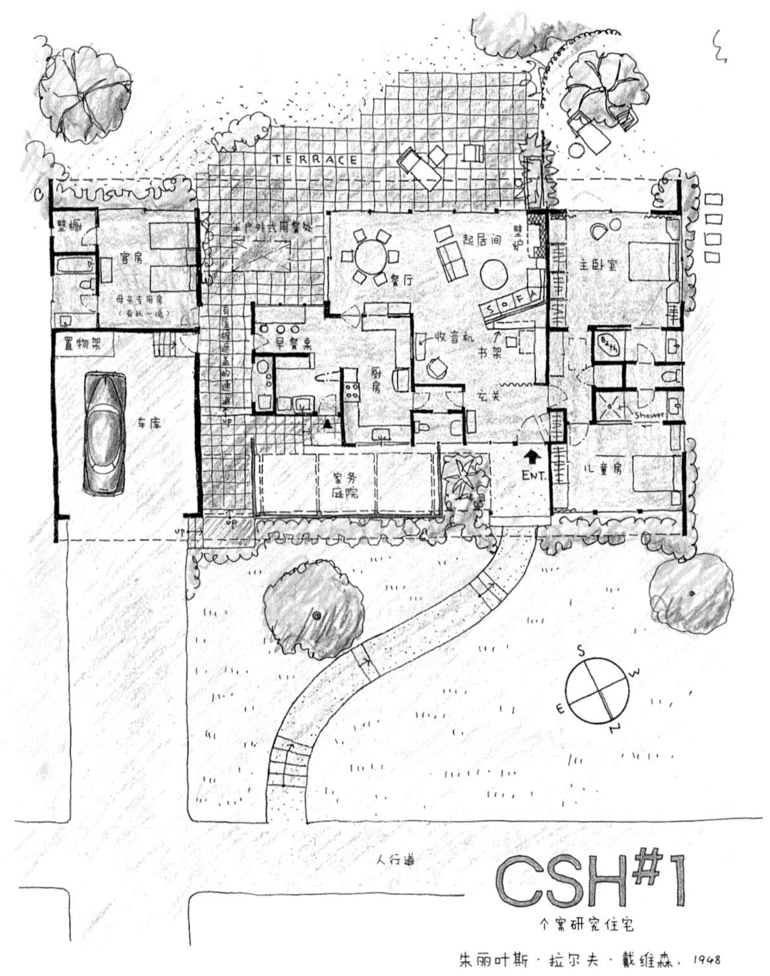

现在的人们不可能像从前那样，每天用糠袋[①]和抹布擦拭柱子和地板。但是，如果房子所用的是有时间打磨一下就会出效果的建材，人们就会依恋上这个家，觉得它亲切又可靠，进而从中萌生出“爱护、培育一个家”的心情，是这样吧？

密斯·凡·德·罗被尊称为“现代建筑巨匠”，他在作品里，将象征现代建筑元素的铁、玻璃、混凝土、铜、各种石材，甚至皮革和纺织品等颇具质感的材料运用得恰到好处，成功地酝酿出豪奢的印象。据说密斯判断材料好坏的标准是“变旧时

① 用来打磨地板，越磨越亮。

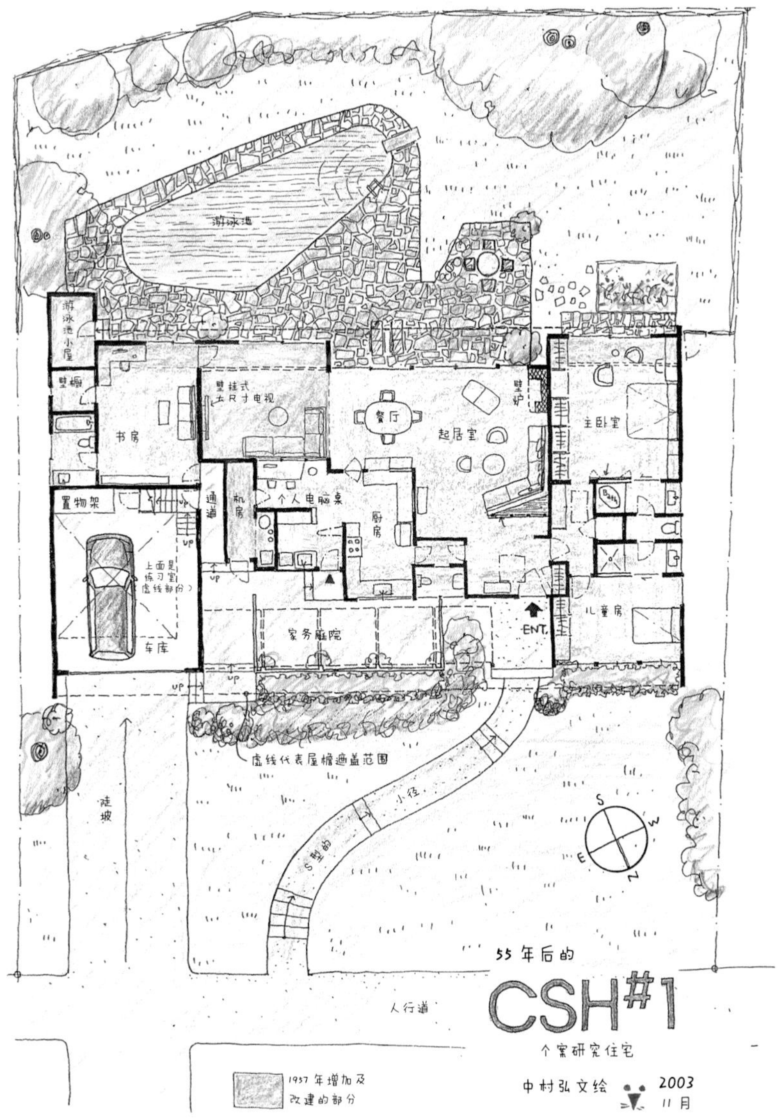

是否美观”，我想这条标准也可以直接用在住宅上。

说到“变旧”，我联想起电影《八月的鲸鱼》，电影主人公是一对老年姐妹，拍摄时，著名演员丽莲・吉许大概已经九十多岁了，其中有一个镜头，是她步伐坚稳地走出房间，自然随意地擦拭起一件老家具，就像在房子里住了百年早已做惯了一样。不知为什么，这个画面一直在我眼前挥之不去。

最近到处都在宣传自然素材对健康的益处，每当我想起丽莲・吉许的身姿，就觉得人们对“值得保养”的材料也该大做一番考察和关心才好。

京都还残留着一些古老街巷，在街巷里，面向道路的极细木栅窗被擦拭得一尘不染，看上去非常清雅、令人神往，这是每日辛勤维护的结果。这种习惯不仅存在于日本，左图是我在意大利南部阿贝罗贝洛清早散步时候看到的情景，一位老人正认真地用抹布擦拭着石板路面。上图是三谷先生的小屋（参见第 20 页、21 页）里的栗木地板，虽然我不觉得三谷先生会像意大利老太太那样每天早晨用抹布擦拭地板，但是岁月这块勤劳不懈的抹布，每天都在工作，才让地板有了这么动人的光泽，让人忍不住想伸手摸一摸。

“新井药师的家” 1999 年
设计 = 中村好文　东京都中野区

为了能“世代住下去”，先得有个能一直住下去的家，再说家具，如果做法得当，家具也能世代相传。在这里我举两个实例，首先是一个茶儿，旧房子推翻重建时，我把老房子壁龛上的博古架小心翼翼地拆了下来，然后用旧木板为新家做了这张茶儿。旧木板在老房子里历经了五十多年的自然干燥，状态极佳，用来做家具再合适不过了。

“桐木柜的组合” 1999 年
制作 = 阿部繁文＋吉原常雄

上面照片里的柜子，是只取了旧桐木柜的抽屉部分重新拼凑组合而成的。这也是一个“世代相传”的实例，可以看作是一个柜子形状的“棚床”，棚床的概念我在第 79～80 页介绍过。说起来，这原本是家母去世时留下的桐木柜子，开始我不知拿它怎么办才好，现在正摆在我家里，各种各样的抽屉有着不同尺寸，新旧程度不同产生的色差看上去就像蒙德里安的抽象画，柜子用起来没问题，即使远远看着也很舒服，旧物就这么获得了新生。

一直以来，我设计的主要都是家庭用小型住宅，但是最近，我做了一个九层公寓的设计。这么写的话，也许有的人会表示惊讶，其实它是跃层[①]结构，由四套跃层公寓像积木一样竖着摞在一起而组成，非常小巧。不好意思称它为“大型公寓”，干脆叫它“小房子”。

我这次的设计主旨就是“可以长久住下去”，我改建过我自己家，也做过一些公寓的改建装修，我把这些经验都用在了这次的设计上。具体说来，我和负责结构的专家商量过，房子构架（专业术语叫作躯体或者骨架）耐久性设定为150年左右，内部装修走自由大方路线，可以根据居住人数和生活方式的不同做自由改装。

房子外部框体要做得坚固，同时性能良好，才能把居住者的生活都接纳包容进去；管道类寿命短暂的东西，要做到容易更换；房子内部装修尽量简单朴素。只要做到这几点，一个能世世代代住下去的房子的基本条件，就齐备了。

---

① 跃层住宅指的是占两个楼层，并有内部楼梯连通上下层的住宅。——编者注

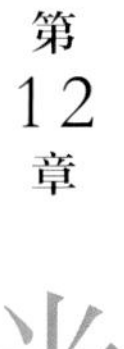

第12章 光

『光』有两种含义……

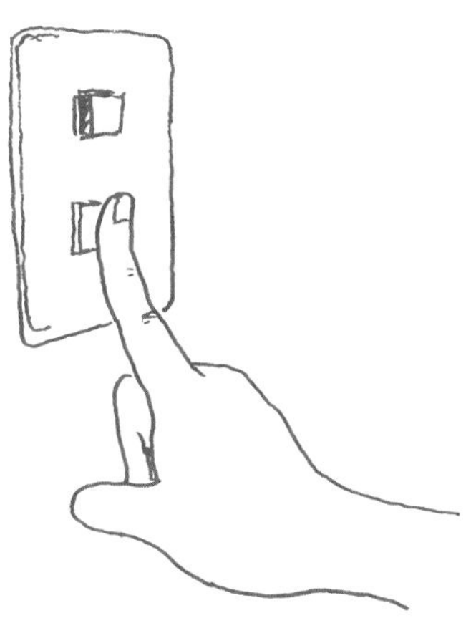

在日语里，自然光叫作“明かり”，灯光等人工照明叫作“灯り”，两个词发音一样，都是akari，容易混淆，两者都起到了给建筑空间增光添色的作用。右页是路易斯·巴拉干私邸的一角，巴拉干毕生追求建筑中的光影、色彩和静谧，在这里，自然光从天而降，仿佛神圣的光雨。

“路易斯·巴拉干的私邸” 1947 年
设计＝路易斯·巴拉干 墨西哥 墨西哥城

“三谷小屋” 1994 年
长野县松本市　设计 = 中村好文

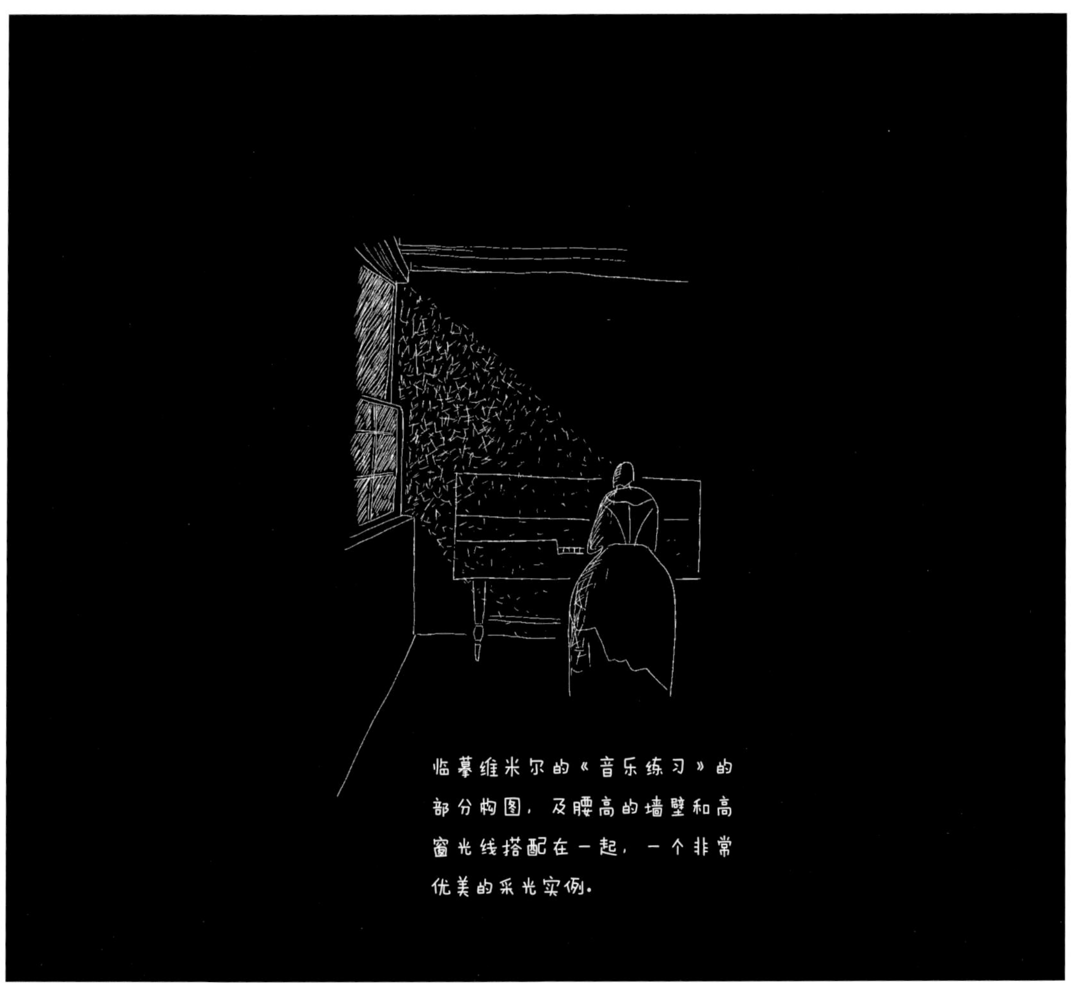
临摹维米尔的《音乐练习》的部分构图，及腰高的墙壁和高窗光线搭配在一起，一个非常优美的采光实例。

光从左侧小窗映入，在墙上绵延伸展，由明渐暗，这是维米尔[①]油画的魅力所在。我有一位朋友对维米尔式的光影十分憧憬，在充分考虑过光映照在墙壁上的效果后，我做了这样的设计，光线从左侧映入，投射在斑驳的灰泥墙上。

---

① 约翰内斯·维米尔（Johannes Vermeer，1632—1675），荷兰画家，与伦勃朗并称为17世纪最有代表性的荷兰画家，代表作有《戴珍珠耳环的少女》等。

即使不拿桂离宫举例，大家也知道日本古民居的魅力之一在于天花板之美。当然，如果在古民居天花板上挂了不搭配的照明，比如一盏枝型大吊灯，就会大煞风景，令人扫兴。我觉得比较理想的照明是看不见灯具本身，说不清光从何处来，光又无处不在。这里有个实例，整个天花板本身就是照明，藤条编制的天花板内部藏着灯，藤条上蒙着手工纸，光线透过纸张，为茶室营造出一种幽暗气氛。设计者是大师村野藤吾，这个设计可以说是村野式的《阴翳礼赞》（作家谷崎润一郎的随笔集，其中描写到了东方文化里的阴翳美感）。

“新高轮王子酒店茶寮惠庵‘汀’”
1985 年　设计 = 村野藤吾　东京都港区

《东京物语》中的笠智众

选择室内照明也是设计里的一个环节，要知道灯具的产品目录有电话簿那么厚，每家制造商都会送一本过来，我得从这些堆积如山的资料里挑选，可是，合心意、价钱合适、造型普通的灯却半天也找不出几个。我喜欢的灯，是像小津安二郎电影里出现过的玻璃罩灯那样的，普普通通的，毫不刻意，可是现在就连这样的灯，也很难找到。

所以，我不时地会去旧货店看看，只要发现了从前的玻璃罩灯就会买下来攒着，等着房子盖好装上去。但是后来我忙起来没时间去旧货店进货，存货终于见了底。所以大约在六年前，我灵机一动决定自己设计灯罩，不再依赖二手店，照片上的这个，就是当时我委托制作玻璃杯的工厂制作的灯罩。这个灯具可以用平衡器和木螺丝调整高度，光的表情也很柔和优美，相当不错，所以，现在它已经是我设计的住宅餐厅里的不可或缺的标准配件啦。

"光"有二种含义，分别用两个不同的词表示。

这两个词就是"明かり"和"灯り"。不用多解释，"明かり"指的是阳光，"灯り"是灯火，即人工照明。这两种光对建筑来说，尤其对住宅而言，都是非常重要的因素。

首先让我们来谈谈阳光。

我一直觉得，想办法把自然光很高明地引入室内，是建筑师必备的本事。对我们日本人来说，旧式日本房屋除去了门扉隔扇，就显得空空荡荡，偌大的开放空间里只剩下零落几根细柱[①]，这种日本建筑的空间感早已渗入我们的内心，难以拂去。所以我们心里很难建立起欧洲建筑里"墙壁"的观念，同时也就意味着，"窗"的观念也没有建立起来。

所以"如果开出很多大型开口，房子就亮堂了"的错误观念就这么蔓延开来。有时我必须耐心地向委托我设计房屋的客户解释：窗户的位置和大小是墙壁决定的，窗与墙比例均衡非常重要，就是说，先要有墙，才能谈窗。

如果说郑重地请尊客进入室内，是房子主人的职责，那么，郑重地请阳光进入室内，就是建筑师该尽到的重要责任。

关于"请光入室"，有位委托人对此有着绘画一样的想法。

他就是木工艺家三谷龙二先生。大约十一年前，我给他设计过一间独居小屋，商议细节的时候，他客客气气地对我说："房间里要是有个维米尔油画那样的有光线射进来的窗户就好了……"我喜欢维米尔的油画，他这么说，是因为他太了解我了，像他这种直搔设计师痒处，激发设计师斗志的巧妙发言，我见得真的不多。

"维米尔的窗户啊，要怎么处理才能做出那种感觉呢，唔……"

我就这么上了他的钩，斗志昂扬地设计出了那个"窗户"。（参见第 103 页）

再说另一个"灯火"，灯火是说不尽的，在这里我只提一件事。

我想说的是"照明"这个词，我一直对把"lighting"翻译成"照明"心存疑问，觉得不甚妥当，"lighting"被解释成了"明亮地照耀"，由此我们被无意中植入了一个不太对的刻板观念，觉得照明就应该把房间的角角落落都打亮。我的看法是：如

---

① 旧式日式房屋里没有隔离墙的概念，空间之间用木隔扇隔开，是一种象征性的心理性的空间划分，并不能真正起到隔离作用，木隔扇可以很容易地装卸，去掉后空间可以全部连在一起。

果当时只简单地译成“点灯”，那么现在日本住宅里的灯光呈现出的也许就会是另一番情趣。至少把“灯”字放进翻译里就好了。当时如果用了这个“灯”字，也许那种冷淡惨白的日光灯就不会像现在这样在日本住宅中到处泛滥了吧。

再说“灯火”这个字，我第一次清楚地意识到“灯”的概念是和“暗”“阴影”比邻而居的，是我快三十岁的时候。那时我在一个有壁炉的山庄里度过了几个静寂的夜晚。

那个山庄的天花板上没有任何灯具，说到“灯火”就是壁炉里的火光和一个勉强够看书的落地灯。一片幽暗中，我甚至能感知到“暗”正像一个活物似的蹲踞在角落里。这时的房间就像洞穴深处，灯火亮起，那种深深的放松和安心感，包容下了一切。

在山庄里，当夜深了，会有一根“今夜最后的”柴薪加入壁炉，当薪火默默燃烧渐尽，火焰消失的瞬间，就是山庄熄灯，各人该退隐睡觉的时刻了。

这么说来，我的住宅小话也到了该结束的时刻。

“晚安！祝各位做个更好的住宅美梦……”

本书是将《艺术新潮》2000 年 9 月特集《与建筑师中村好文一起思考：何谓住宅》修订、增补后的产物。第 7 章的内容和第 1 章到第 11 章的笔记部分，是特别为本书所写的。

写真

中村好文……p2-3, 8, 9, 17, 18, 25, 70, 76, 77, 85, 94, 101

野中昭夫……p5, 16, 20, 21, 28, 29, 36, 52 下, 61, 62, 69, 71, 78-79, 95, 96, 102, 105, 107

安藤忠雄……p6

筒口直弘……p7, 41, 44, 45, 52 上, 53, 56, 64, 65, 84, 97, 110-111

二川幸夫……p14

平川嗣朗……p50

图书在版编目（CIP）数据

住宅读本 /（日）中村好文著；蕾克译．—北京：
中国华侨出版社，2018．12（2024．7 重印）．
ISBN 978-7-5113-7746-3

Ⅰ．①住… Ⅱ．①中… ②蕾… Ⅲ．①住宅－室内装
饰设计 Ⅳ．① TU241

中国版本图书馆 CIP 数据核字 (2018) 第 164040 号

住宅读本

著　　者：[日] 中村好文
译　　者：蕾　克
责任编辑：唐崇杰
特约编辑：王　頔
筹划出版：银杏树下
出版统筹：吴兴元
营销推广：ONEBOOK
封面设计：7 拾 3 号工作室
经　　销：新华书店
开　　本：787mm × 1092mm　1/16 开　印张：8　字数：81 千字
印　　刷：北京盛通印刷股份有限公司
版　　次：2018 年 12 月第 1 版
印　　次：2024 年 7 月第 6 次印刷
书　　号：ISBN 978-7-5113-7746-3
定　　价：99.80 元

中国华侨出版社　北京市朝阳区西坝河东里 77 号楼底商 5 号　邮编：100028
发 行 部：（010）58815874　传真：（010）58815857
网　　址：www.oveaschin.com　E-mail：oveaschin@sina.com